U0189480

重塑世界的新技术

[英] 杰拉尔德·林奇 ◎著 梁金柱 ◎译
(Gerald Lynch)

GET TECHNOLOGY

Be in the know. Upgrade your future: 20 thought-provoking lessons

中国科学技术出版社
·北 京·

Get Technology: Be in the know. Upgrade your future: 20 thought-provoking lessons by Gerald Lynch./ISBN:978-1781318157.
Copyright©2019 by Quarto Publishing plc.Text©2019 by Gerald Lynch.
First published in 2019 by White Lion Publishing,an imprint of The Quarto Group.
Simplified Chinese translation copyright 2024 by China Science and Technology Press Co.,Ltd.

北京市版权局著作权合同登记 图字：01-2023-1285。

图书在版编目（CIP）数据

重塑世界的新技术 /（英）杰拉尔德・林奇
(Gerald Lynch) 著；梁金柱译 . -- 北京：中国科学技
术出版社，2024.5
书名原文 : Get Technology: Be in the know.
Upgrade your future: 20 thought-provoking lessons
ISBN 978-7-5236-0532-5

Ⅰ . ①重… Ⅱ . ①杰… ②梁… Ⅲ . ①高技术—普及
读物 Ⅳ . ① TB-49

中国国家版本馆 CIP 数据核字（2024）第 042518 号

策划编辑 赵 嵘
责任编辑 杜凡如
执行编辑 安莎莎
版式设计 蚂蚁设计
封面设计 创研设
责任校对 吕传新
责任印制 李晓霖

出　　版 中国科学技术出版社
发　　行 中国科学技术出版社有限公司发行部
地　　址 北京市海淀区中关村南大街 16 号
邮　　编 100081
发行电话 010-62173865
传　　真 010-62173081
网　　址 http://www.cspbooks.com.cn

开　　本 710mm × 1000mm 1/16
字　　数 137 千字
印　　张 8.75
版　　次 2024 年 5 月第 1 版
印　　次 2024 年 5 月第 1 次印刷
印　　刷 北京华联印刷有限公司
书　　号 ISBN 978-7-5236-0532-5 / TB・120
定　　价 59.00 元

（凡购买本社图书，如有缺页、倒页、脱页现象，本社发行部负责调换）

阅读指南

本书分为5个章节，共20节课，涵盖了当今科技最新、最热的话题。

重塑世界的新技术

每一课都介绍一个重要的概念，并且解释如何将学到的东西应用到日常生活中。

每章末尾的工具包会帮助你总结本章内容。

重塑世界的新技术

通过本书，我们将为你普及最新的科技知识，为你指引人生方向。你可以以自己喜欢的方式阅读本书，或循序渐进，或一次性消化。请开启你的阅读思考之旅吧。

目　录

引 言

你的世界正在改变。

自农业革命出现以来，人类的活动使我们不仅有能力从根本上改变我们的日常生活，而且还能够改变我们的制度、星球，甚至生命本身的组成。

曾经，让家家户户都能拥有一台电脑似乎是天方夜谭，而现在几乎人人的口袋里都有一台电脑，世界上一些最聪明的人甚至希望在每个人的大脑里也装上一台电脑。

科技的飞速发展使我们能够享有十多年前还看似无法获得的信息和福利，同时也使我们面临新的安全挑战和生态挑战。如果我们无视这些挑战，其结果可能会是灾难性的。

随着时间的推移，生活与技术的结合变得更加紧密，前者更加依赖后者。然而，有一种感觉是，我们对自己所使用的各种设备、它们的工作方式以及它们的制造商的发展方向了解得越来越少。

随着时间的推移，生活与技术的结合变得更加紧密，前者更加依赖后者。

本书的作者想要改变这种状况，他在本书中介绍了一些伟大且重要的技术进步和技术概念，就在历史的这一刻，它们正处于开发阶段或正在形成理论。本书中的一些章节将讨论当今的前沿技术，介绍一些你只需点击智能手机上的应用程序就能马上订购的小工具；另一些章节则将探讨一些在未来好几代人的时间里或许都无法实现的构想。

然而，本书将向你展示的不仅是全球的科学家和技术人员正在努力建造的东西，还有这些设备、算法和思维方式将为我们带来的改变。

了解今天
为明天做

的技术，

好准备。

第 1 章

生活中的科技

昨天的科幻小说即将成为明天的现实。

智能家居、人工智能、机器人医生……普通人很难理解日常生活中这些巨大的科技进步，更不用说“增强现实”和“虚拟现实”这样的概念了。

但是，如今技术被应用于社会的各个领域，技术的变革日新月异，它可能对各行各业产生巨大的影响。从学生通过虚拟现实（VR）头盔探索整个宇宙，到与机器人共事的产业工人不得不重新思考自己在这个世界上的位置，技术的潜力增加了我们对世界的理解，同时也削弱了我们的作用。

昨天的科幻小说即将成为明天的现实。我们准备好了吗？我们将如何利用能为我们提供无限可能的科技设备来开展教育活动和娱乐活动？我们将如何使用让人难以招架的越来越多的数据流？许多好莱坞电影中描述的人工智能毁灭世界的恐怖故事是否真的会到来？

本章将讨论在未来几年里，哪些技术将会出现在我们的学习、生活、工作和娱乐中。有一些技术会应用在你的办公室里，有一些技术会穿戴在你身上，还有一些技术会在你回到家时迎接你。其中许多技术已经处于起步阶段，了解它们目前的进展（以及它们在未来的发展方向）是我们跟上时代步伐的关键，因为这些技术将会改变我们的生活方式。

第1课　虚拟现实

你永远也不可能访问木星，你永远也不可能独自攀登珠穆朗玛峰，你永远也不可能体验到古罗马的生活，你永远也不可能与恐龙同行。至少，在目前这个现实世界中你还做不到。

我们正在经历一场革命的早期阶段，在这场革命中，技术正处在一个临界点上，它将会使大多数人获得他们本无法获得的体验。越来越强的计算机处理器为视觉增强型头盔提供了支持。通过为用户配备这种头盔，虚拟现实软件制造商将能够让我们足不出户，就可以在全球任何地方（或完全是想象出来的地方）进行神奇的旅行。

目前的虚拟现实头盔大致有两种形式。第一种是移动式虚拟现实显示器，它由电池供电，使用插入的智能手机或嵌入式计算、传感器和显示组件。第二种虚拟现实形式目前更为先进，它使用与强大的电脑或游戏主机连接的系带式头盔和远程传感器，使用户能够在三维空间中被追踪到。虽然移动式虚拟现实显示器为使用者提供了更大的灵活性和行动自由，但就所谓的“存在感”（真正处于超现实世界的感觉）而言，它们还无法与 HTC Vive 或 Facebook 公司的 Oculus Rift 等虚拟现实头盔相提并论。

这两种头盔都是基于类似的底层技术，其核心部件的功能也基本相同。为了提供以假乱真的虚拟现实体验，虚拟现实头盔必须使你眼前的屏幕上的视觉效果与你头部的俯仰、横摆和转动相匹配，并能上下左右前后移动。在某些情况下，它们还必须追踪和显示你四肢的动作，而且不能让你有四肢和身体相脱离的感觉。为了实现这一点，虚拟现实头盔使用了以下组件。

1. 传感器

磁强计、加速度计和陀螺仪协同工作。磁强计测量磁场，并使头盔相对于磁北定位，帮助处理器建立一个固定的参考点，以便根据参考点确定用户体验的位置。加速度计可以确定设备的方向，如果设置一系列的加速度计，便可以测量沿某一轴向的加速度，这是用于追踪头盔使用者动作的一个要素。陀螺仪也能测量方向，并将头盔佩戴者的头部运动与肢体的动作相

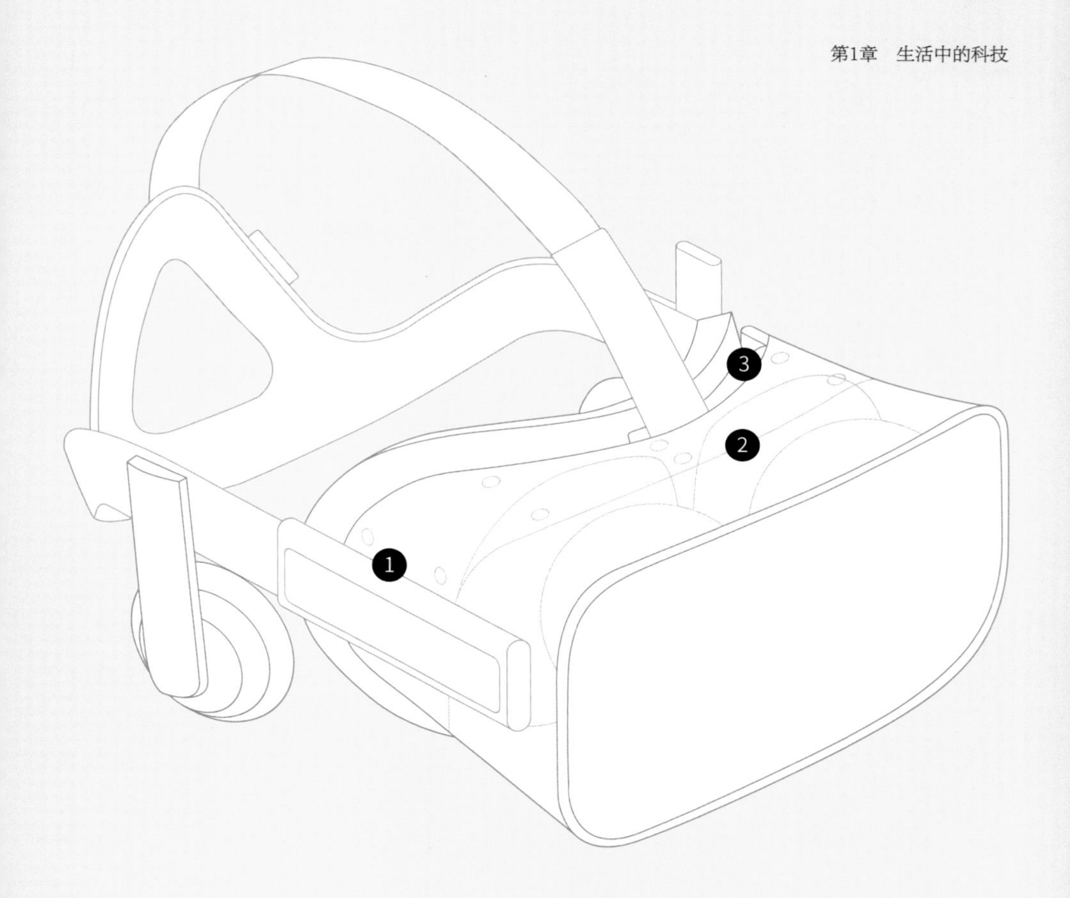

匹配。

2. 高分辨率显示器

显示器的像素越密集越好。为了让人获得身临其境的体验，虚拟现实体验需要清晰的屏幕视觉效果和极高的刷新率（显示器更新其图像以再现流畅动态的速度）。任何低于90 Hz（每秒刷新90次）的频率都会给体验者带来诸如恶心和眩晕的糟糕感受，这是因为虚拟现实使用者的大脑无法将身体的运动与其所看到的图像协调起来。虚拟现实头盔通过屏幕前的双眼护目镜来提供立体的3D（三维）视觉效果。

3. 处理单元

无论是内置于头盔中，还是位于插入的智能手机或连接的电脑中，中央处理单元（CPU）和图形处理单元（GPU）都需要让软件的视觉效果显得逼真，将虚拟现实体验者带入另一个世界。这些单元对性能的要求较高，毕竟以高清晰度和高刷新率渲染复杂的3D 视觉效果是一项艰巨的任务。

通过虚拟世界提高生活质量

随着第一波虚拟现实头盔进入寻常百姓家，我们得以窥见虚拟现实体验的巨大潜力。想体验一下待在防鲨鱼笼子里潜入海底吗？索尼的PlayStation VR头戴显示器将让你梦想成真。想待在舒适的客厅里环游世界吗？只要戴上谷歌的Cardboard VR显示器，便能欣赏世界上最伟大的地标性建筑的360度全景。想飘浮在太空中制作一个数字雕塑吗？戴上HTC Vive，启动Tilt Brush应用程序就能实现。

使用一个虚拟形象——一个拥有面对面互动所能体验到的所有细微手势和肢体语言的虚拟的你——参加洲际会议的想法听起来如何？你还可以创设会议的环境——既然大家都觉得在海滩上开会更愉快，何苦还要在会议室里谈论本月的销售数字呢？这种自由使得建立全新的全球社区成为可能，在这种全新的社区中，每位社区居民都能获得“天涯若比邻”的感觉。

这种技术将引发关于虚拟世界中的身份和自我的重要问题。如果你可以通过编程将自己的虚拟形象变成自己想要的样子，这个形象可能与你在现实世界中的形象大相径庭，这对你的人际关系意味着什么？当想象力的所有元素都可以被随心所欲地开发利用时，会对我们产生什么影响？如果可以从零开始打造一个完全不同的虚拟世界，有多少现实世界中的社会规范会被我们保留下来？

虚拟现实的潜力十分巨大，而且似乎是无限的。也许有一天，你的物理现实和虚拟现实之间的界限会变得无法区分。这种可能性既让人心驰神往也让人难以承受。

虚拟现实在教育中的应用为学前教育到高等进修提供了大规模体验的可能性。例如，让一个孩子从美国飞到巴黎卢浮宫去看蒙娜丽莎展览的花销是极其昂贵的，但只要花几百美元，整个班级的孩子就可以通过虚拟现实技术漫步画廊的大厅。或者，通过虚拟现实技术，兽医专业的学生无须解剖马的尸体，就可以观察到马腿内错综复杂的韧带结构。

只要我们能够完善触觉交互系统，所有这些体验将变得更加令人着迷，使我们能够感觉到身处数字世界。未来，我们可能会穿上包裹全身的衣服，在虚拟现实软件营造的环境中，它能让我们感受到最温柔的爱抚或细微的温度变化，还能用手套让一位钢琴大师在由比特和字节组成的钢琴上演奏复杂的乐曲，观众可达数百万，而且每个人都能享受到前排的座位。

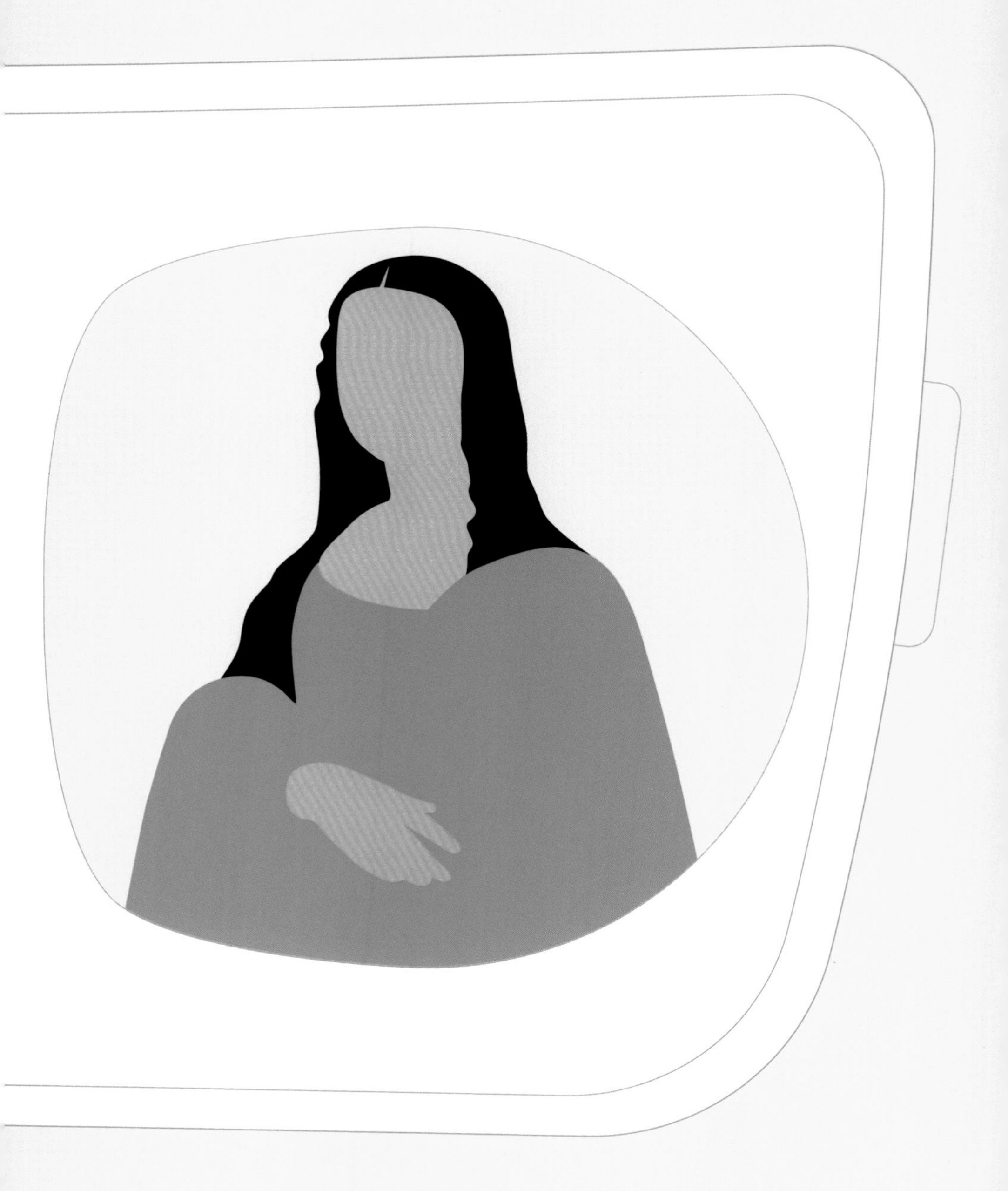

第2课　增强现实

你或许还没意识到这一点，但你可能已经使用过增强现实（AR）应用程序了。你是否也加入了《精灵宝可梦GO》（*Pokemon Go*）手机游戏的热潮？如果你通过手机发现一只行走在街道上的皮卡丘，那就是一个增强现实的例子。同样，如果你在手机拍照应用程序Snapchat的视频上贴了一个动画“贴纸”，比如在朋友精心摆出的噘嘴上弹出一个摇摆的小狗舌头，那也是在使用增强现实系统。

这些应用还只是一个开始。虽然增强现实目前最常用在手机屏幕上，但增强现实技术的进步将会带来更多的设备，这些设备能让手机屏幕处于你的视野边缘，代之以数字视窗显示器，使虚拟元素看起来如同真实存在于我们的周围一样。

谷歌眼镜便是这种技术的一种尝试，iPhone制造商苹果公司也在大力投资这项技术，但反倒是微软公司的Windows操作系统平台，也就是工作场所中最常见的计算机软件，在增强现实硬件方面处于领先地位。

事实上，微软对其全息眼镜（HoloLens）头戴设备的发展潜力非常有信心，微软甚至没有称这款产品为“增强现实”硬件，而是称其为“混合现实”。这是一个很好的案例，说明了微软对未来的增强现实设备所抱有的期待。

微软全息眼镜具有多个传感器和一个内置处理器，可以戴在头上。它还有一块置于你眼前的屏幕来显示数字图形。但是，虚拟现实头盔通过挡住你的视线，将你带入其营造出来的世界中，而微软全息眼镜有一块透明的屏幕，将数字软件元素叠加到你眼前的真实环境中。这让数字图形在现实世界中有了重量感、深度和存在感，用户可以随时对之进行操作并与其互动。

微软的全息眼镜及其模仿者真正区别于虚拟现实设备的地方在于其图像识别能力。结合运动追踪传感器和互联网连接，一个环境光传感器和四个环境感应摄像头可以追踪和绘制你的周围环境。有了深度计算（摄像头也会捕捉你四肢的动作），你将能够走近增强现实“全息图”，并“触摸”它们。

凭借增强现实最基本的应用，你可以把电脑的桌面计算应用程序，一股脑地投射到家里的墙上。增强现实技术最令人兴奋的功能是在户外，当所有的传感器和摄像头同时运行时，无须你给出提示，它们就能实时向你提供你周围的信息。

大众化专业知识

现代办公场所是键盘、电脑显示器和格子间主导的世界。虽然个人电脑、笔记本电脑和光纤互联网可以将

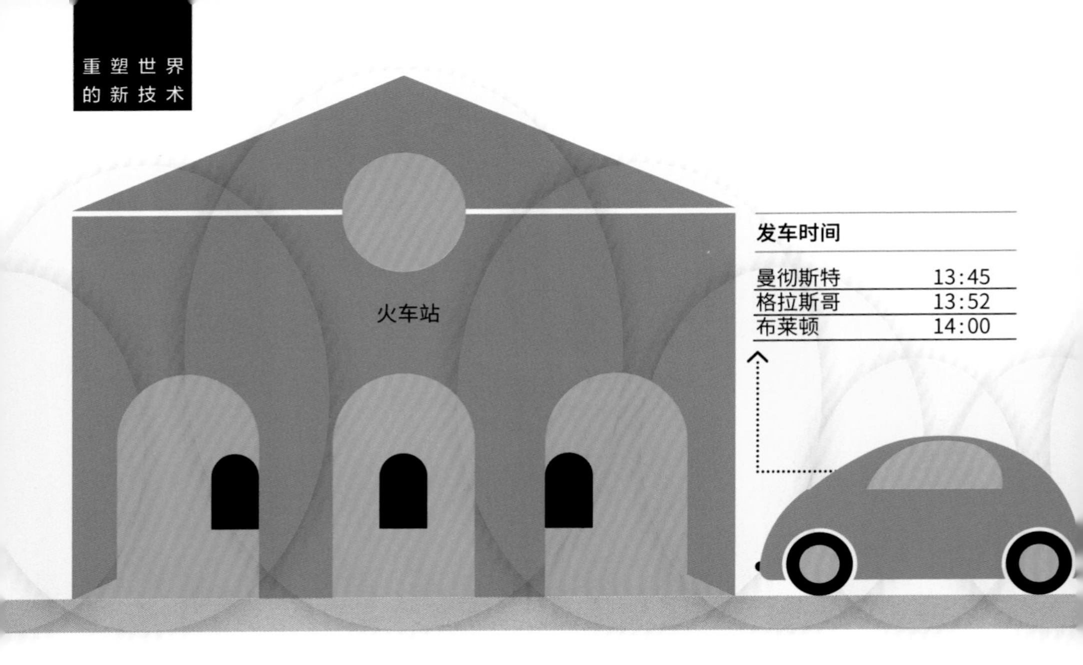

我们从办公室中解放出来，但我们并没有完全获得自由。

增强现实技术带来了神奇的可能性，让我们对于工作、生活和娱乐方式有了更多的期望。凭借头上佩戴的增强现实设备，我们的双手可以同时在物理世界和图像渲染的世界内自由互动，我们与真实世界和数字世界的关系将发生根本性的改变。

一名建筑师面对一块空地，只要挥挥手，就能瞬间调出摩天大楼的数字设计图，并看到它们存在于现实世界耸入云霄的样子。一名火箭科学家可以把他最新的推进系统从一个桌子大小的模型，变成发射台上的模拟系统，而不需要燃烧一滴燃料。一名留学生可以把他的新的外国教材神奇地翻译成自己国家的语言——这些至少都可以通过增强现实眼镜实现。

增强现实设备还可以让人类，自狩猎采集时代以来，第一次成为通才。无论是一名汽车修理工还是一名大厨，其都有一套非常专业的独家技能来完成自己的职业任务。但是，一个戴着增强现实设备的人，凭借相应的应用程序，甚至可以与专业人士一较高下。当然，敲击电脑键盘无法取代多年的学习经验，也不会让你立刻变成汽车修理师。但是，面对一台被拆卸的汽车发动机，如果你有增强现实眼镜（和所有的维修工具），然后得到了叠加在真实世界中的可视的、分步骤的指示，告诉你哪个部件该放在哪里，你会突然对通过复制步骤来独立完成一项任务更有信心。

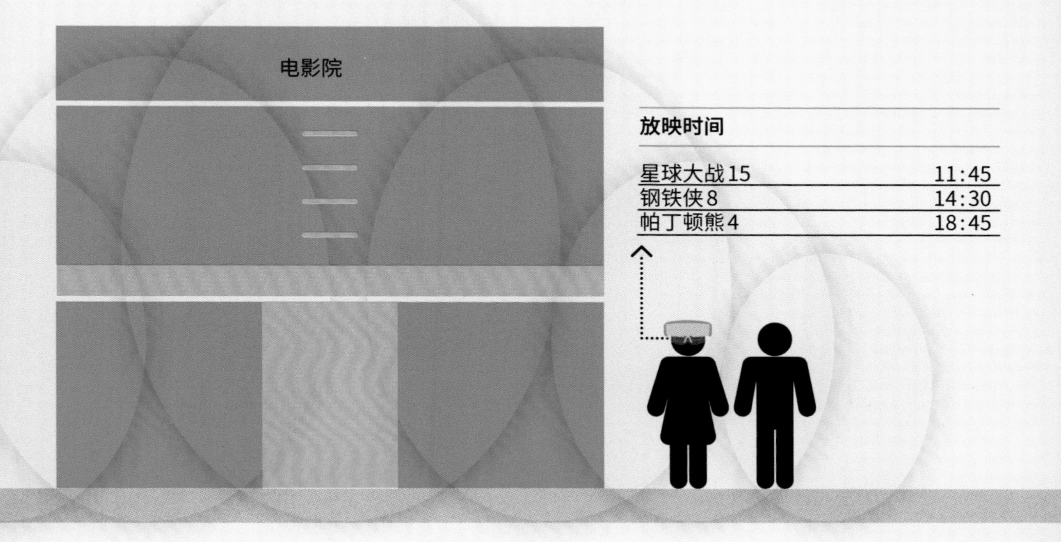

混合现实对于日常工作也有极大帮助。想象一下，你戴着一副增强现实眼镜走在下班回家的路上，你走进一家超市，但拿不准晚餐吃什么，于是你拿起一包蘑菇，眼镜马上识别出了它，并为你推荐了一些蘑菇食谱。如果眼镜里存储有超市的地图，它甚至可以引导你穿过货架过道，帮助你找到你需要的商品。接下来，你赶往最近的火车站，全球卫星定位系统（GPS）传感器和图像识别技术的结合意味着，当你看向车站入口时，会看到一条有关你回家的列车会延误很久的信息。你给了眼镜一个要求打发时间的语音指令，于是一部你感兴趣的电影的预告片出现在你眼角的余光里。而10分钟后，与火车站一街之隔的电影院里恰好要放映这部电影，你脚下显示出了行进路线的导航。你的回家之路出现了意想不到的小插曲，你只有晚点才能吃上那份蘑菇烩饭了。

增强现实
根本上改
世界互动

技术将从
变我们与
的方式。

第3课 人工智能

从电影《2001太空漫游》中令人不寒而栗的人工智能观察者哈尔（HAL）到《终结者》中引发世界末日的天网，几十年来，人工智能一直被描述为技术上的妖魔鬼怪。即使你错误理解了这个词，这也不怪你——没有哪个词比“人工智能”更经常被误用了。许多产品的包装盒上都贴着“人工智能”的标签，但它们几乎跟智能没一丁点儿关系。多年来，“人工炒作”或许是对此更恰当的描述。

那么，科幻小说中让我们大为恐惧的有意识的人工智能或“强”人工智能到底是什么？什么又是所谓的“弱”人工智能？以智能手机的语音助手为例，虽然你iPhone上的Siri助手可能看起来很聪明，但它没有实际的思考能力，至少没有机器学习所能为它赋予的特定功能之外的能力。这是一个“弱”人工智能的例子，或者更具体地说，这是一种混合人工智能，它采用了一组“弱”的人工智能能力（主要是语音识别），并利用这种能力来挖掘云中不断更新的大量数据，从而给人们一种超人类智力的错觉。

Siri可以即时访问互联网上的所有知识，并不意味着它能够进行创造性的思考或推理，它只是在非常熟练地完成一项被编程的任务。只有当Siri能够执行人类可以完成的任何行动时，它才能被认为是真正的人工智能。而从来没有一个人工智能能够做到这一点，至少目前还没有。

那么，人工智能的影响会有多深远？对此，存在着两派观点。第一派是那些担心超级智能崛起的人，这个群体中包括比尔·盖茨（Bill Gates）和斯蒂芬·霍金（Stephen Hawking）。他们设想有一天，“强”人工智能的出现会导致“智能爆炸”——人工智能能够以失控的速度自学新知识，并最终超越人类，最终将人类变为其奴隶。事实证明，这种被称为“技术奇点”的对未来的悲观展望，是一种哲学上的恐惧，也是一种实际的恐惧，虽然没有任何实验证据表明人工智能会达到这一点，但同样地，也没有证据可以无可辩驳地证明这一切不会发生。

第二派从更务实的角度看待人工智能的发展。他们认为智能爆炸不会发生，不

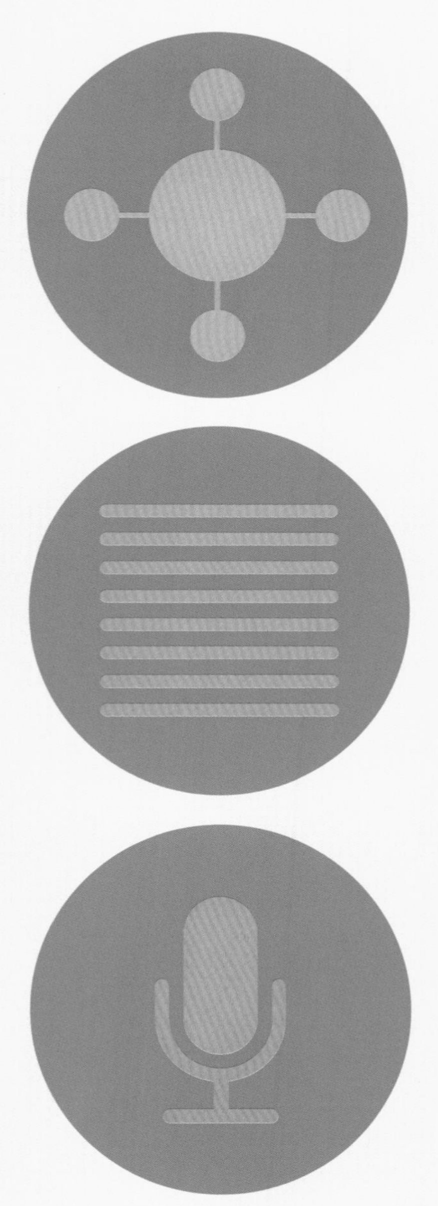

过，我们今天使用的“弱”人工智能将继续占主导地位。“弱”人工智能并不是弱在作用上，它们的能力将成倍增长，尽管它们不会具备真正的创造性思维的能力，但它们将在特定的角色中变得令人难以置信的熟练和高效，这些角色的工作背景会受到控制，因而“弱”人工智能没必要对其进行细致入微的解释。人工智能技术和机器人技术融合的世界，将为人类带来最大的变革。

人工智能建立在各种计算方法组合的进步之上。

1. 传统机器学习方法

算法通过筛选大量的数据来学习其在特定需求背景下的内容，并做出决定来完成该任务。机器学习的原理是让算法完成繁重的工作，自主地尝试用不同的方法来完成任务，如果算法遇到无法解决的困难，通常仍需要编码员的介入，创建分类器来完善这一过程。

2. 深度学习方法

深度学习是机器学习的最热门领域。它使用神经网络，试着模仿我们大脑的神经元，旨在令其更接近于人类的思维方式。从本质上讲，深度学习允许一次从多个角度考虑一项任务，从而建立关于某个问题的相关信息层，以找到解决方案。每一个信息层都会权衡其正确识别特定元素的可能性，然后将所有这些信息反馈给最终做出选择的最后一层。这需要庞大的处理能力和大型数据集，而且这个阶段的学习过程会非常缓慢。

3. 大数据

我们每天通过设备及其传感器产生、存储、传输和共享的大量信息，以及可以综合使用这些信息来寻找相关性和建立行为模式的方式，被称为大数据。计算机图形处理器非常善于进行高速处理数据所需的并行处理循环，各种软件与计算机图形处理器结合在一起，使得大数据对人工智能非常有用。

我们应该害怕人工智能吗？

我们已经知道机器人能够执行简单的重复性任务，如工厂生产线上的任务。但是，日益完善的人工智能训练将加速人工智能的应用，并使得机器人能够完成越来越复杂的行动。

这才是关于人工智能的一些忧虑不无道理的地方。人工智能机器人，即使是那些由“弱”人工智能驱动的机器人，在执行某些任务上也会变得非常高效。比起人类工人来讲，它们的雇佣成本会越来越低。由人工智能驱动的机器最有可能（至少在初期）开始接管技术含量低的工作，如卡车驾驶工作、生产线工作和面向客户的零售工作。

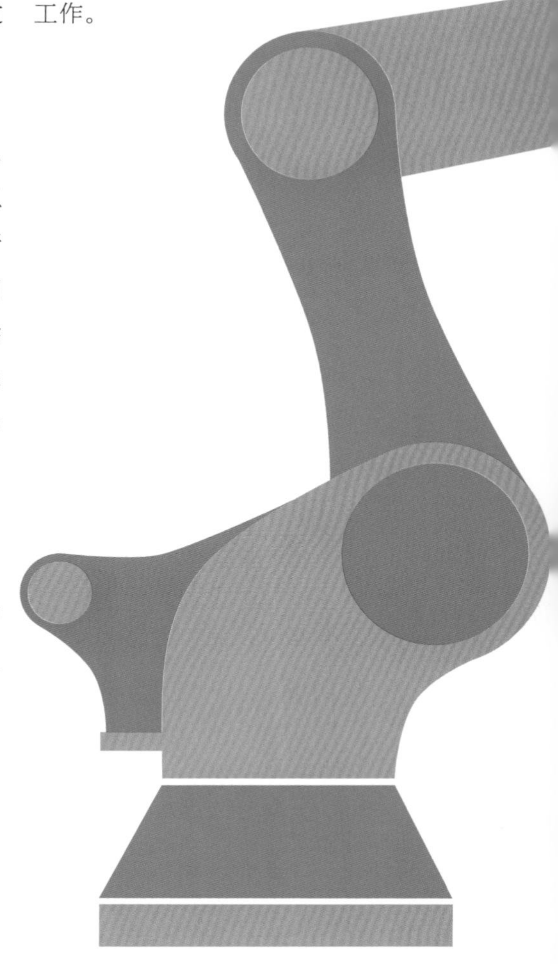

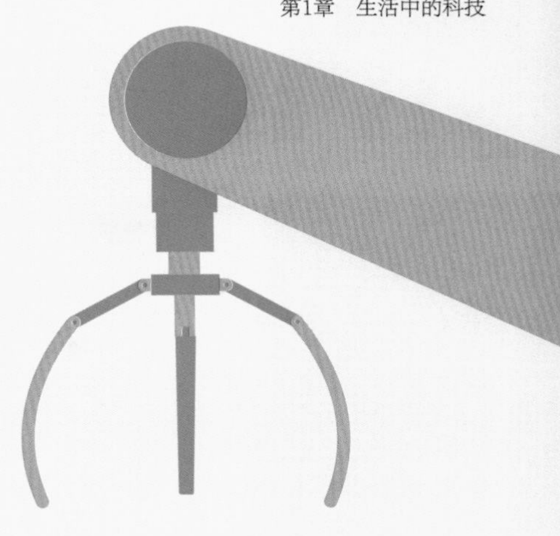

因此，如何更好地将人工智能融入社会，是未来需要解决的问题。我们是否必须找到一种方法，对承担这些角色的机器人或安装它们的跨国公司征税？政府是否需要在未来预算中将全民基本收入作为考虑的必要因素？是否需要有一种更有力的方式来解决由于“技能差距”导致的一些社会成员无法养活自己的问题？

人工智能革命并非开技术变革历史之先河，此前的劳动力也曾经历过技术变革并最终与之共存。人们也曾为计算机的崛起而忧心忡忡，但结果正好与之相反，计算机的崛起并没有让我们失去所有的工作，反而形成了全新的辅助产业。20世纪40年代的求职者们能预测到蓬勃发展的视频游戏行业对数字艺术家的需求吗？或者智能手机应用程序员的走俏？或者靠排行榜吸金的YouTube网红的出现？如果没有计算机，这些职业都不会存在。同样，人工智能驱动的机器人技术几乎肯定会带来全新的、目前还想象不到的工作和行业。

同样值得注意的是，不断改进的人工智能机器人有可能让我们的生活变得更加丰富。想象一下，可以整夜守护病人的不知疲倦的机器人，或者无所不知并永远不厌其烦的人工智能机器人老师；想象一下，类似于日本福岛核泄漏那样的灾难场景——其清理工作使数百人暴露在威胁生命的辐射中。如果一个聪明的、由人工智能驱动的机器人可以承担上述这些工作，会怎么样？请记住，有些时候人类并不想亲自动手去完成一些工作。

第 4 课　智能家居

当你想到自己的家时，你可能会想到它的砖和灰泥，你最爱的柔软的扶手椅，或许还有花园里珍贵的花。但是，我们很容易忘记，在地毯下面和墙纸后面铺设着的紧密连接的复杂系统。从电线到水管，众多的断路开关和管道确保了你能居住在相对舒适的环境中。

根据不同时代社会的需求，我们住宅建设的方式在不断演变。有两个趋势将再次改变我们的居住方式，一是以便利为目标的智能设备的普及，二是能源生产多于消耗的绿色建筑。

过去十年间，智能设备一直在悄悄地进入我们的家庭。随着 Wi-Fi（无线网络通信技术）变得无处不在，宽带变得更快、云计算服务变得普遍、传感器和芯片组变得更便宜，制造商开始生产许多能连接网络的日常家用物品。现在你可以在商店里买到可由智能手机控制的能连接 Wi-Fi 的变色灯泡，或者一个可视门铃，在你不在家时，它可以将监控到的图像发送到你的手机上，甚至还有能提醒你服用花粉热药的空气质量监测器。

硅谷的所有大公司都在致力于建造这

为了实现最高效能，智能家居的建造（或改造）需要使其产生的能源大于它所消耗的能源。这意味着居住在这样的住宅中（由于使用了太阳能面板阵列和系统以及被动加热原理），家用电器不仅减少了燃料燃烧产生的年度净碳排放量，而且建筑还能将储存的剩余绿色能源输出到电网赚钱。虽然在冬季，碳排放量高的家庭可能仍然需要购入能源，但细致的建筑设计，如使用保温的墙灰、太阳能取暖系统、节能电器，再加上个人能源使用的科学方法，这将意味着夏季成为一些房主的能源金矿。

在专门建造的新建筑中实践这些原则要比改造旧房子容易得多。但是，从长远来看，即使只是坚持智能家居的一部分理念，也会有利于环境和经济。和未来的房屋相比，20 世纪建造的房屋看起来就像生态破坏者一样。

接下来便是将所有设备联结在一起，使它们可以相互通信，并根据你的需求和每个独立设备的读数来调整它们的运行。

个所谓的“物联网”，因为它们都希望能开发一个系统来管理这一切。作为对你家庭生活细节数据的交换，谷歌助手、亚马逊的 Alexa 和苹果公司用 Siri 驱动的智能家居平台（HomeKit）将作为你所有连接设备之间的桥梁，让你只需通过语音激活命令就能控制特定或所有设备。

一旦联网，这些设备将协同工作，为你的日常活动带来更大的便利，使用“弱”人工智能技术来学习你的个人习惯和品味，为你家里的相互依赖的系统带来更高的效率。

隆冬时节，当你下班回到家时，发现联网的恒温器已经把房子加热到了你喜欢的温度（一摄氏度都不会多），门廊上的灯已经点亮，联网音响里正在播放你最喜欢的放松音乐，冰箱已经把你上次喝剩下的牛奶送来了。

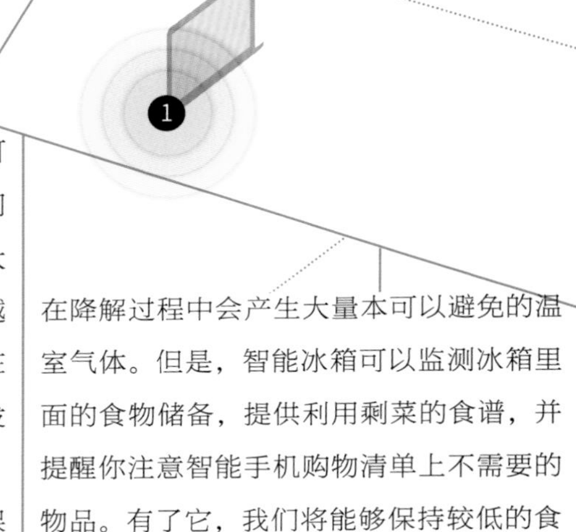

一个更绿色、更富裕的未来

家是心灵的归宿，但在未来，家也可能是你薪水的补充来源。由于城市的空间越来越稀缺，气候变化给后代带来的巨大的问题，以及随着化石燃料的开采成本越来越高，能源价格将会出现波动，我们在设计和建造我们的未来家园时，必须要发挥我们的聪明才智。

智能技术和巧妙的设计将共同确保我们从能源供应中榨取出每一个可能的千瓦·时。通过传感器与发电机的通信，恒温器学习人们的通勤模式，运动传感器确保房间的灯只在有人时才会亮起，我们将对电网供电的消耗减少到最低。除此以外，通过为我们的居住环境配备绿色能源采集器，我们还可以把能源卖回给电网，这不仅使更环保的生活方式可以持续，还能在此过程中赚到一大笔钱——我们将实现绿色的梦想。同样的环保原则将被应用于我们的食品购买和消费。2015年，英国家庭倒掉了价值130亿英镑的食物，相当于当年每个家庭损失了470英镑。这些倒掉的食物在降解过程中会产生大量本可以避免的温室气体。但是，智能冰箱可以监测冰箱里面的食物储备，提供利用剩菜的食谱，并提醒你注意智能手机购物清单上不需要的物品。有了它，我们将能够保持较低的食物开销，并确保好的食物能够物尽其用，最终进到我们的肚子里。

许多这样的节能措施，无须我们的日常直接投入，便可以施行，这种方式使得未来智能家居如此吸引人。大多数人会因自己为保护环境做出了贡献而感到骄傲，无论是通过回收利用还是缩短早上洗澡的时间。但是，当一项绿色活动开始让人觉得不便的时候，我们往往会重新陷入坏习惯。智能家居的理想就是帮你把麻烦去掉，你只需要接纳智能家居的理念，安装智能家居系统就够了，别的不用你操心，科技会负责实现你的最佳意图。

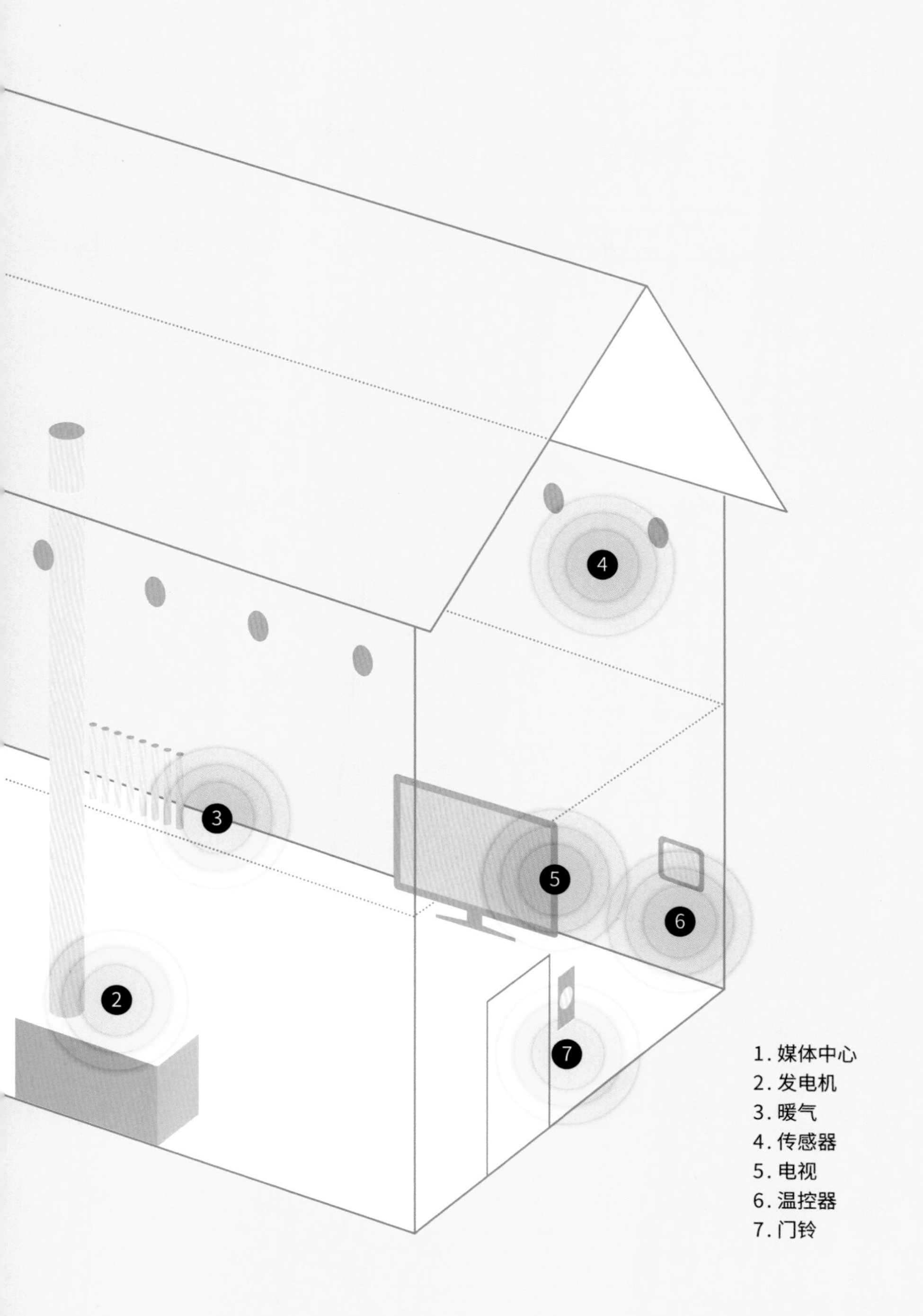
4
3
5
6
2
7
1. 媒体中心
2. 发电机
3. 暖气
4. 传感器
5. 电视
6. 温控器
7. 门铃

工具包

01

虚拟现实将使各行各业的人们都能体验到全球各地的景象和声音，或一个完全想象中的世界。为了在数字世界中拥有身临其境的存在感，我们可以在虚拟空间中建立新的社区，并利用具备触觉反馈的可穿戴技术彼此互动，并与渲染出来的环境互动。

02

增强现实将把我们习惯于在屏幕上互动的数字信息，投射到我们周围的世界中。增强现实头盔和眼镜可以智能地向我们展示与背景相关的事实、数字和方向，使我们有信心在没有直接指导的情况下尝试新的活动和体验。增强现实技术还能把我们从办公室隔间和电脑显示器中解放出来，把周围的环境变成混合现实的工作空间。

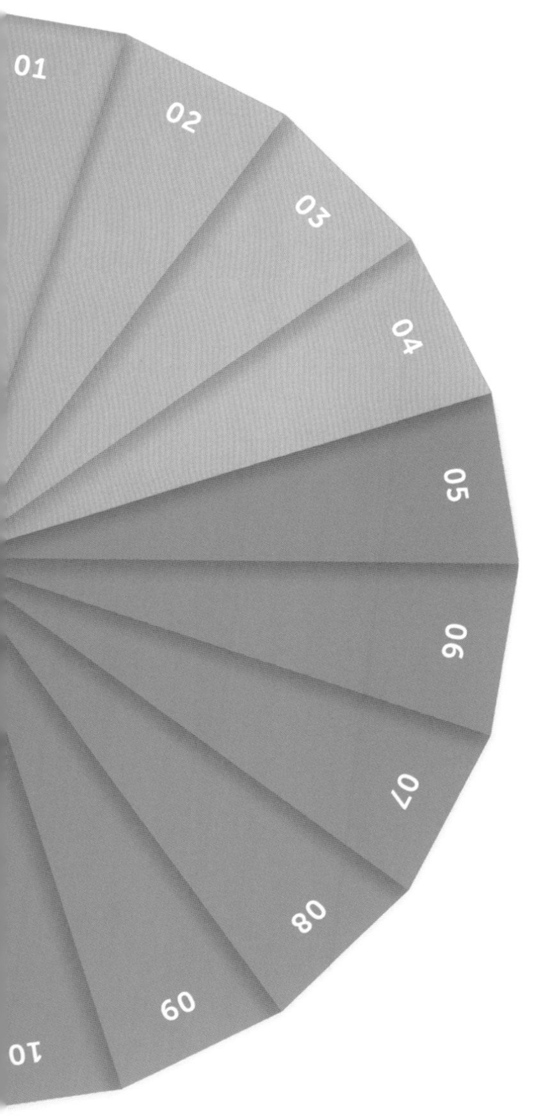

03

人工智能将继续发展，在许多任务上，它们将越来越比人类能干。在日常生活的许多领域中，人工智能也能帮助我们，并将增加各行业的机器人自动化程度。即便人工智能最终能够代替人类，在那之前还需要很长一段时间。

04

智能设备将使我们的家居像时钟一样运行，管理从照明到储藏室的一切，使我们的生活更轻松，使我们的家居更环保。再加上可再生能源收集系统在建筑技术中的应用，我们将有机会生活在绿色建筑中，将能源卖回给电网，为自己带来利润。

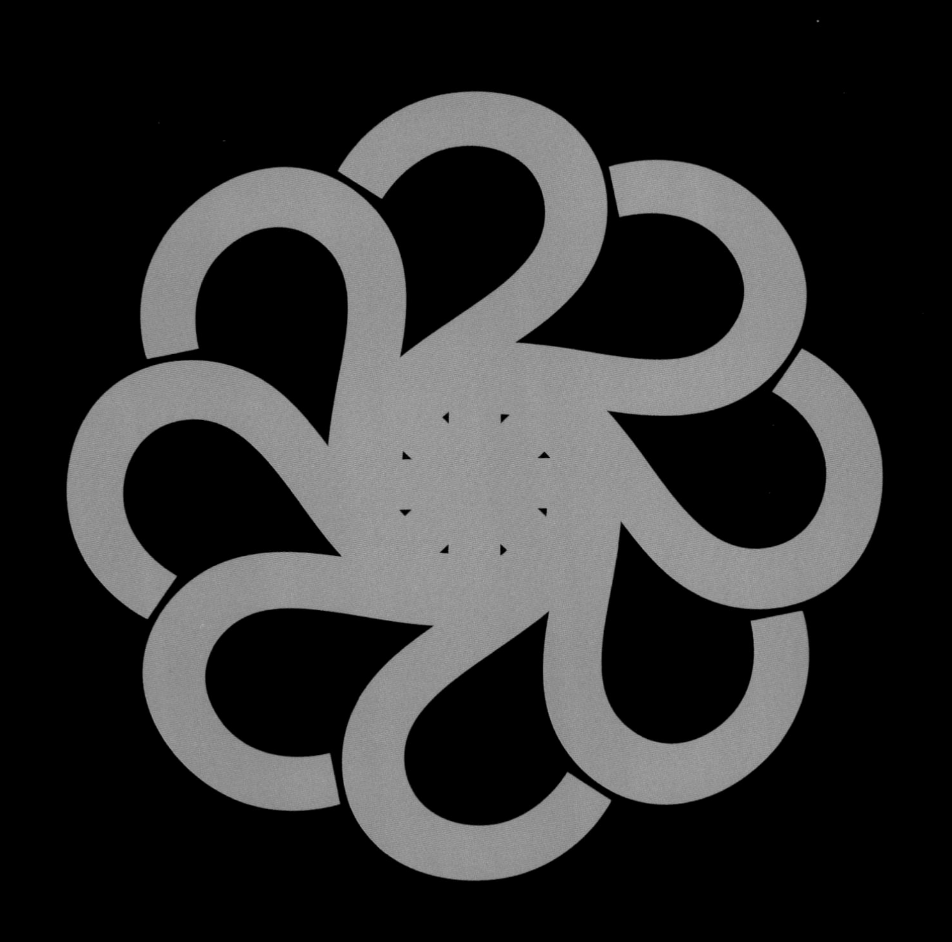

第 2 章

探索

第 5 课　**无人驾驶汽车**

无人驾驶汽车里有什么，它们将如何改变我们的生活？

第 6 课　**超级高铁**

超级高铁会成为继汽车、轮船、飞机和火车之后的“第五种交通方式”吗？

第 7 课　**动力机甲**

技术将如何增强人类的能力，使之突破人体的极限？

第 8 课　**新太空竞赛**

仰望星空，我们如何迈出火星任务的第一步？

技术将再次把我们探索未知领域的能力推向令人振奋的新方向。

从克里斯托弗·哥伦布（Christopher Columbus）的航海探险到今天简单的旅游，人类一直渴望冒险。但是，在自家门口是无法冒险的。旅行，不管是乘坐马车、汽车或游轮，一直在我们的伟大探险中发挥着作用。

无论是汽车还是火箭，总会有一种技术或工程上的突破，使我们能够向未知的领域迈出第一步。技术将再次把我们探索未知领域的能力推向令人振奋的新方向，它不仅会彻底改变我们在这颗星球上的旅行方式，而且还为我们在太阳系中设定了新的旅行目标。

本章探讨了为了开启探索人类文明的伟大征程的新阶段，我们目前正在使用的交通模式和方法——不光有变革性的商业模式，使得我们的日常通勤变得更轻松，让我们能够在大气层之外寻找新的机会，还有先进的个人技术，有望使那些体重超重的人也能够攀登高峰。

我们努力探索已知宇宙的边界的原因是多样的，比如为了在混沌的宇宙中寻找资源、知识或意义。但终极的目标都是一样的——改善如今人类的生活，并为后代开辟一条道路。技术正在引领潮流，我们应该尽力跟上。

第5课　无人驾驶汽车

想象一下，一条高速公路上有三辆车，每辆车都以100英里/时（160千米/时）的速度行驶。其中一辆车的司机座位上坐着一个正在打瞌睡的醉汉，第二辆车（是卡车）上只有牲畜，而第三辆飞速行驶的车上连人都没有。

听起来，这像是一场即将发生的惨剧，但事实上，这正是汽车产业高速发展的现实写照。

自动无人驾驶车辆即将由设计图纸变为现实，行驶在全球各地的道路上，为道路安全和运输效率带来一场革命。从福特、宝马和日产这样的传统汽车制造商到谷歌和特斯拉这样的造车新势力都在尝试这一概念。这是一个协同增效的时刻，两个曾经互不相干的世界——汽车工业和硅谷——将以令人惊叹的方式碰撞，使科幻小说家的梦想成真。

无线技术、智能相机阵列和多功能传感器技术的成熟，将把我们的双手从方向盘上解放出来，电脑控制的司机将为我们服务，我们则只需享受便利。

你或许也知道，这些系统中没有几个是独一无二的或全新的，所以，自动驾驶的创新之处在于，它将所有系统整合在一起，这些系统共同提供了一种全新的交通方式。在许多方面，如果不是因为人类，无人驾驶汽车明天就可以在大大小小的道路上愉快地驰骋了。无人驾驶汽车面临的最大挑战是与人类之间的互动——人类司机在驾驶汽车时的不规律的反应。同样，目前的道路基础设施也是以人类的感官为基础建造的——从学校十字路口的斑马线到以色彩区分的高速公路出口。数以百万计的人类司机需要依赖这些标识，一个只有无人驾驶汽车的道路系统可以完全不用这些标识，只依靠汽车间的通信即可运行。

虽然无人驾驶汽车的外部车身设计可以多样化，从单人乘坐车舱到长长的商业车舱不等，但其基本系统将保持大致相同。一辆无人驾驶汽车将需要用到以下技术。

1. 无线技术

为了确定目的地，无人驾驶汽车将使用全球卫星定位系统（GPS）跟踪和下一代的“5G”移动互联网网络的组合。5G的速度是目前4G标准的12倍，它还将承担让无人驾驶的汽车相互通信的重要工作，以便预测其他车辆的行动。

2. 摄像机和图像识别系统

具备颜色和形状辨别功能的视频摄像机能够识别交通灯和路标，探测行人和其他可能的障碍物。

3. 雷达传感器

雷达传感器将被放置在车身周围以追踪附近车辆的位置。

4. 超声波传感器

在精确度要求较高的时候，车辆需要用到超声波传感器，在狭窄的停车位或靠近路边停车时，超声波传感器将发挥作用。

5. 激光雷达传感器

这些传感器能感应车道标线和道路边缘反射的光线，让汽车清楚自己在车道上的位置。

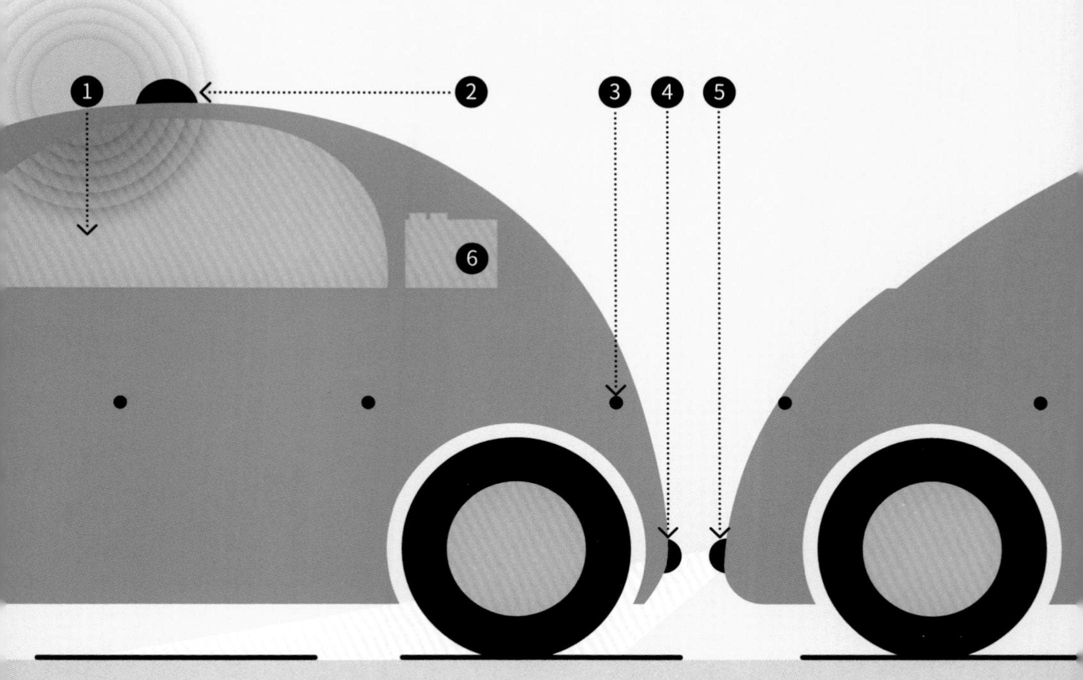

高效性

6. **处理计算机**

计算机高速接收来自上述系统的所有信息，并相应地控制汽车的转向、加速和制动。

未来的自动化公路

无人驾驶技术潜力巨大，远非只是帮助人们减轻出行的压力。

无人驾驶革命的第一个也是最明显的好处是道路安全。即使是最有经验的人类司机也会有不在状态的时候——也许是深夜里的长途驾驶，或者是在大热天里从车窗飞进驾驶室的马蜂。这些疲劳或分心的时刻可能是致命的。但计算机永远不会疲倦，也不会在意可能会被马蜂蜇伤。通过网络，无人驾驶汽车可以协调行动，互相通报安全制动距离和潜在的障碍物，而且永远不会有路怒症引起的危险驾驶行为。

汽车之间的网络通信还会对环境产生积极影响。当所有的汽车都知道彼此的位置时，它们就能轻松找到通往特定目的地的最佳路线。这样一来，不光拥堵会减少，而且在不赶时间的情况下，车辆可以调节自身速度，因此，不管是何种动力驱动的车辆都能实现最经济的能量消耗。

无人驾驶汽车大多被设计为用电机驱动，这并非巧合，因为汽车排放越来越成为汽车制造商必须面对的一个法律问题。对于人类司机来说，相对稀缺的充电站可能会打消他们购买电动汽车的考虑。但是，

一辆闲置的联网无人驾驶汽车，随时都能够感知自己周围的环境，即使车主不在场，它也可以去当地的充电站充电，确保在需要时能说走就走。

无人驾驶汽车的经济效益也不可小觑。航运公司将能够利用自动化车队的优势，快速运送大量的货物，无须停车休息，也没有因交通堵塞引起的延误。公共交通系统可以以前所未有的效率运行，而长距离通勤也将不再辛苦。

最棒的是，为了考取驾照而吃苦流汗和长夜难眠的时光，也将一去不返。一百多年前亨利·福特（Henry Ford）发明的T型车所承诺的行动自由将最终得到充分实现。

无人驾驶汽车还有必要配备一个固定的主人吗？随着社会越来越适应所谓的“共享经济”（像“爱彼迎”这样的服务平台，它可以让你租用其他业主的空房子，或者现在多如牛毛的汽车和卡车租赁应用程序），无人驾驶汽车将鼓励绿色环保的拼车之旅。

不需要很大的想象力，我们就可以预见未来会有一种拼车服务，它可以提醒在你所在的地区有一辆无人驾驶的汽车可供你搭乘，车上还有其他与你目的地相同的乘客。

第6课 超级高铁

气垫

轮船、火车、汽车和飞机，长期以来，人类凭借这四种交通方式探索和征服世界。

但是，随着世界人口越来越多，工业密集化速度越来越快，我们现有的基础设施似乎越来越无法跟上现代生活的狂热步伐，人类对一种全新的“第五种”交通方式的需求正变得明显。

支付服务PayPal、电动汽车公司特斯拉和商业太空旅行公司SpaceX的创始人，亿万富翁企业家埃隆·马斯克（Elon Musk），相信自己找到了解决方案：超级高铁。

马斯克打算将乘客舱放在封闭的管道内，这些管道的气压十分稀薄，只有火星上气压的六分之一。这样做会减少对乘客舱的阻力，使它们能够以接近超音速的速度行驶。管道将被架设在离地面30米高的混凝土塔架上，或被深埋在地下隧道中，从而可以相对灵活地沿着建筑物密集的路线建设。管道还会被加固以抵御地震等自然灾害。

客舱和货舱将置于磁性金属滑板上，客舱和货舱通过管道时的动量产生气垫，透过滑板上的孔使客舱和货舱处于悬浮状态。通过使用电磁推进器，客舱和货舱将像空气曲棍球桌上的球一样滑行，每个舱的头部还有一个电动压缩机，以便向后推动更多的空气。滑板上的磁铁将采用电磁脉冲启动，让人有一种类似于飞机升空的感觉，之后就能以理论上的最高速度760英里/时（1225千米/时）行驶——只差8英里/时（12.87千米/时）便能达到超音速了。乘坐超级高铁，你只需要短短的45分钟就能从伦敦到达爱丁堡，或在短短30分钟内就能从旧金山到达洛杉矶！第一条连接迪拜和阿布扎比的商用超级高铁路线，其行程时间仅为12分钟。

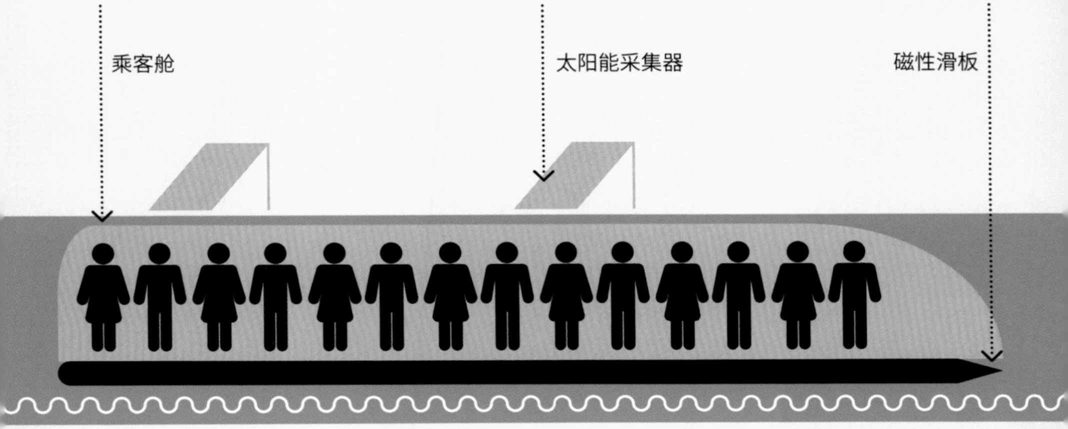

乘客舱

太阳能采集器

磁性滑板

和管道一样长的太阳能采集器也将发挥作用，同时管道内产生的风能和地热能也可以被收集，甚至乘客舱的制动系统也具有潜在的储能能力。事实上，超级高铁的发明团队认为，其储存的能量不仅能满足系统自身的需要，而且还能为电网发电。

在超级高铁上，乘客可能会略微有些幽闭恐惧症的感觉，但它的舒适度不会比城市的地铁系统差太多。乘客舱的最大高度为1.10米，最大宽度为1.35米，每个舱可以乘坐28名乘客，两人一排。马斯克设想，在高峰期，每30秒就可以发出一班乘客舱，而且票价估计不超过20美元（约137元人民币），这会是一种人们真正坐得起的通勤路线选择，前提是你在乘坐过程中不需要上厕所，目前还没有人能想出解决这个问题的办法。

超级快，还是超级夸张？

一条成功铺设的超级高铁线路可以为

尽管这是一个似乎从科幻小说中复制出来的想法，但超级高铁的概念（或与之非常相似的东西）实际上已经存在了几个世纪了。1799年，英国发明家乔治·梅德赫斯特（George Medhurst）便提出了一个想法，即通过铸铁管道以空气动力的方式运输货物，将装满乘客的车厢吹到其目的地。看来，即使是托尼·史塔克（Tony Stark，即钢铁侠，美国漫威电影中的超级英雄）来到现实世界中，也可以从过去的经验中得到启发，从而实现未来的创新。

成本效益高

更安全

生活在其两端的人带来巨大的便利。它可以让我们化身成为近乎超音速的通勤者，因此大城市的所谓“通勤圈”便可以得到极大的扩展。在拥挤不堪的大都市里，生活空间既昂贵又稀缺，超级高铁则可以减轻城市的压力。例如，由于超级高铁的速度，一个住在曼彻斯特的人，既可以很舒服地每天去伦敦上班，又可以享受远离首都的较低的生活成本。当然，任何连接商业中心和城郊地区的超级高铁都可能会推高较偏远地区的物价，但它也会对当地经济起到推动作用。超级高铁也是一种相对安全的交通方式。在缓解公路和其他公共道路拥堵的同时，超级高铁的固定线路不会有高速公路的各种危险变数。而且，超级高铁使用特斯拉电池并主要由可再生能源驱动，令我们的健康和环境也更加安全。理论上，超级高铁能够以更高的能源效率来取代中短途的航空旅行。它的运行和维护费用比火车线路便宜。超级高铁发明团队认为，尽管票价较低，但超级高铁系统的运营商实际上不需要依靠政府补贴就能够实现可观的利润。

超级高铁项目并非没有反对者，一些人认为它注定要失败。超级高铁的建设是一个巨大的基础设施挑战。首先，苛刻的建设用地要求似乎注定了超级高铁只能修建在偏远地区，那里才能保证在可能的停

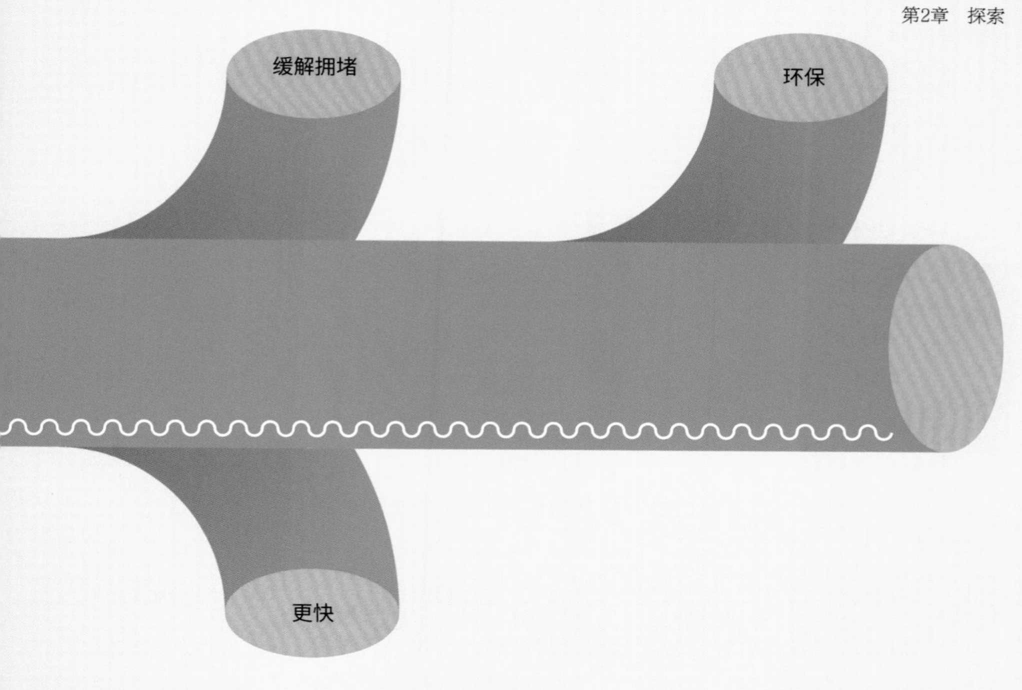

靠站点之间有大片的空地。经济学家们还搞不清楚，马斯克打算如何以比传统交通系统低得多的成本来建造这样技术先进的线路。此外，超级高铁有可能会成为恐怖分子的袭击目标——这样一条细细的裸露在外的交通大动脉，绵延数百千米，将非常难以保证其安全。

但极快的速度对于追求刺激的人和时间紧张的行业巨头们而言有着难以想象的吸引力。在他们看来，超级高铁既可靠又环保，是一个值得启动的项目。

超级高铁的建设方案本身就提供了革命性的想法。马斯克遵循了计算机编码开发领域的一些开源原则，基本上将他的超级高铁的想法的实现交给了全世界的科技工作者。他举办了一系列竞赛，让工程团队和设计机构提出他们的解决方案，以应对超级高铁开发过程中的挑战。马斯克并没有选择承包商中的最佳出价者，反而给了那些最适合实现他愿景的人以平等的成功机会。

超级高铁将
行的新纪元
我们带向何

开创一个旅

——它将把

方?

第 7 课　动力机甲

动力机甲和外骨骼旨在增强人体的自然力量，通过用机械部件为我们的肌肉增压，放大我们双足框架的优势。外骨骼可以是全身的防护服，也可以是增强特定肢体的模块化框架，其中的界面元素可让强大的机械部件显示它们所配合的身体部位的运动。

人类战胜了草原上的狮子和海洋中的鲨鱼，上升到了食物链的顶端。但是，这与我们天生的体力无关，更多的是我们发达的大脑的功劳。

从漫画书中的情节到银幕上的爆炸性场面，我们痴迷于探索如何使我们的勇气与我们的智力相匹配。而事实上，漫画书中的幻想在现实世界中也有一些潜在的用处。不，我们不需要与来自氪星[①] 的友善的外星人成为朋友。但是，从《钢铁侠》中托尼・史塔克（Tony Stark）的发明中获得的灵感可能会释放出我们梦寐以求的能力。

尽管听起来像一个未来概念，但外骨骼的概念早在19世纪末便出现了，当时一位俄罗斯科学家、发明家尼古拉斯・亚涅（Nicholas Yagn）设计了一种类似外骨骼的装置，它使用压缩气体来辅助肢体运动。不过，现代武装部队的需求催生了该领域的最大进步，美国国防部高级研究计划局（DARPA）等国防公司获得了数十亿美元的资金，用以开发增压装甲。尽管现代动力机甲的重要部件是电池组和电子装置，但它与亚涅的早期想法仍有许多相似之处。

适合超级英雄的套装

与许多新技术一样，研发动力机甲和外骨骼的主要投资来自军方。军方认为动力机甲是打造完美的超级士兵的可行方法，但他们也有可能幻想着将其推广到有几千

① 《氪星》（Krypton）是一部设定发生在超人出生前约200年时的氪星，聚焦超人祖父赛格－艾尔的电视剧。——编者注

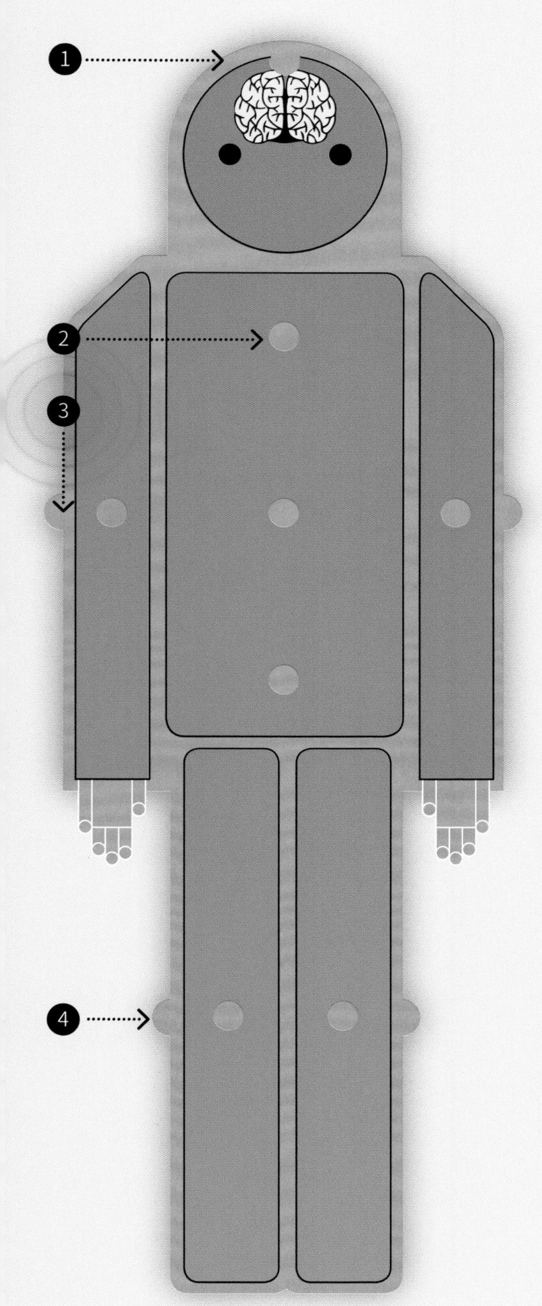

在最基本的情况下，全身动力机甲和外骨骼都会用到以下部件。

1. 一个机械化的框架

这个框架用于支撑用户的四肢和关节展开时的关键点。

2. 传感器

传感器放置在用户的皮肤上（或许有一天它们可以直接与大脑连接），以生物电信号的形式接收发送到肌肉的命令。传感器必须特别灵敏，因为它的接收电压可能只是家用电池电压的十万分之一。这些传感器会将信息反馈给中央处理器。

3. 中央处理器

中央处理器接收来自传感器的信息，将其转换为由外骨骼执行的运动指令。从传感器信号到中央处理器的命令，信息必须以难以察觉的高速度被发送和处理，以避免造成佩戴者的预期动作和外骨骼的反应之间的“滞后”情况。大脑信号可以以每秒118米左右的速度传播，以实现基本的瞬间肌肉反应，而外骨骼必须尽可能地与此速度相匹配。

4. 执行装置

这些装置负责根据中央处理器的指令移动外骨骼框架，触发液压或气压动力，以提高、辅助或增强与之相连的肢体的能力。

士兵的作战师。

其好处是显而易见的。美国士兵在外出作战时平均携带超过27千克的装备，对于诸如医务兵这样的专业士兵来说，他们携带的装备可能还要重得多。动力机甲可以大大减轻机动的压力，提升士兵的力量和速度，使他们更好地准备战斗，并在激烈的战斗中稳定瞄准他们的目标。

一种被称为“战术突袭轻甲”（TALOS，Tactical Assault Light Operator Suit）的概念服，甚至试验了用液体陶瓷涂层，当这种涂层渗入凯夫拉纤维时，根据其颗粒在受到撞击时的反应方式，如果衣服被子弹击中，衣服反而会变得更加坚硬。

代谢成本也是一个需要被考虑的问题——穿戴者不仅能够完成这些超人的耐力壮举，而且他们能够在更长时间之后才会感到疲劳，这是因为他们消耗的能量被动力机甲抵消掉了。从历史上看，由军方资助研发的东西最终也会投入民用。想象一下，救援人员可以凭一己之力抬起灾区的断壁残垣，或者护理人员可以在夜班时毫不费力地托起她护理的老年患者。任何需要体力劳动的工作都可以在外骨骼或动力机甲的帮助下变得更加轻而易举。

如果外骨骼能够为战斗和其他一些工作场所带来革命性的变革，那么它们也能对残疾人的生活产生更深远的影响。外骨骼的使用将为行动困难的人们带来变革性的影响，外部辅助设备可以加强因遗传和退变性疾病而变得软弱无力的四肢。日本的赛百达因公司（Cyberdyne Inc.）凭借其“混合辅助肢体”（HAL，Hybrid Assistive Limb）外骨骼，已经将该技术用于四肢无力的病人或因中风而瘫痪的病人的康复。帕金森症患者也将从这种机械化框架中受益，它可以抑制颤动，让使用者重获对身体的控制权。

但是，只有当外骨骼与大脑直接控制的界面配对时，它们的潜力才会得到最充分的发挥。想象一下，一个人因脊柱受伤而瘫痪，大脑无法向肢体发送任何信号。虽然这种伤害是不可逆的，但在机械化框架的帮助下，这种毁灭性的运动功能损失有可能被逆转。像“混合辅助肢体”这样的穿戴设备已经可以通过放置在肌肉上的传感器收集来自大脑的信号。如果能够从源头上捕捉到这些信号，并直接将其发送到外骨骼上（绕过受损的脊髓），它们就可以被用来让使用者重新获得移动的能力。大脑将会从肉体的限制中解放出来。

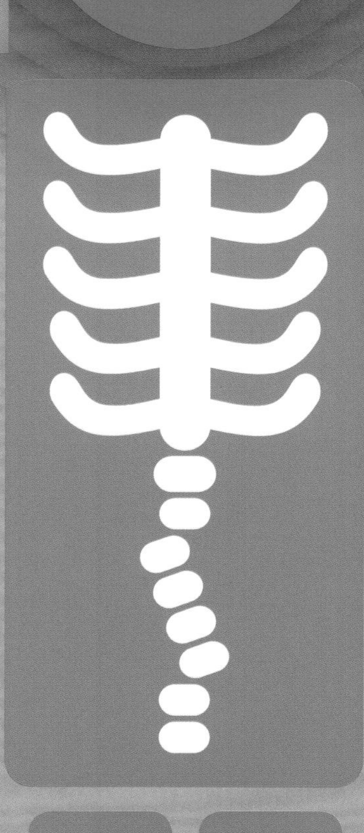

第8课　新太空竞赛

火星上有生命吗？这或许是一个悬而未决的问题。如果一些政府和私人投资者自己做到了这点——一旦人类把自己送上了火星，那火星上不就有生命了吗？但是真的能够把人送上火星吗？只有科学和技术才能克服这个挑战。

一场新的太空竞赛正在进行，参与其中的不仅有像美国宇航局（NASA）、欧洲航天局（ESA）、印度空间研究组织（ISRO）和中国国家航天局（CNSA）这些历史悠久的政府机构，而且还有由私人资助的航天领域的探索先驱。对许多人来说，火星已经成为他们进入太空的头号目的地。尽管由于行星的轨道不同，火星与地球间的距离也在变化，但1.4亿英里（2.25亿千米）的平均距离意味着火星到地球的距离比月球到地球的距离约远600倍。即使在离地球最近的时候，两者之间的距离也有3400万英里（5500万千米）的距离，大约是地球与月球距离的150倍。

之前我们已经将机器人送上了火星（2012年8月美国宇航局的好奇号探测器在火星着陆）。但是，人类能不能穿越过这不可思议的距离呢？硅谷的巨头们正在与现有的太空机构合作，试图找到答案。马斯克的名字再次出现在人们面前。2002年，马斯克创立了SpaceX，并担任首席执行官兼首席设计师。面对重重困难，SpaceX可能已经跨越了其中的第一个障碍，开发出了一个可重复使用的火箭系统，为深空旅行的新时代奠定了基础。迄今为止，该公司的最高成就是二级“猎鹰9号”火箭——世界上第一枚不仅能够离开地球大气层，而且能够返回并安全降落，漂浮在海上的无人驾驶驳船上的火箭。它为SpaceX接下来研发的雄心勃勃的BFR超级火箭铺平了道路，这枚以火星为最终目的地的火箭目前尚在研发中。

“猎鹰9号”火箭的顺利发射可以分解为5个阶段。

1.发射和分离

火箭由两个主要部分组成，旨在将搭载的货物送入太空。在发射后，整个火箭上升到50英里（80千米）的高度，然后两个主要“箭体”分离。第一级只需要上升到大约100英里（160千米）的高度，然后准

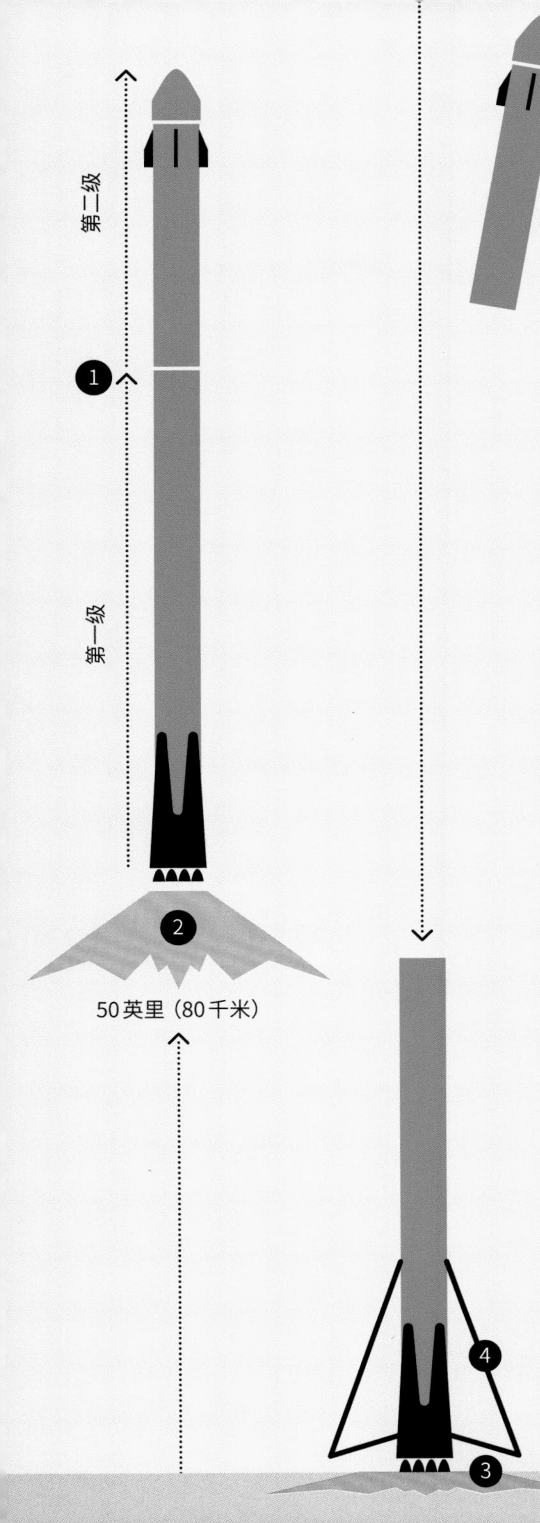

备下降，而第二级则会继续飞向太空。

2. 助推燃烧

利用三个引擎，在火箭的制导控制系统的引导下，火箭旋转着落向等待它的无人驾驶驳船，并降落在上面。制导控制系统需要非常精确，火箭现在的飞行速度是3000英里/时（4800千米/时），任何错误都可能是灾难性的。

3. 超音速反推燃烧

火箭中央的梅林引擎会点火启动，将下降速度减慢到约550英里/时（885千米/时）。火箭圆周伸出4个尾翼，以进一步减慢其速度并使其稳定着陆。

4. 着陆燃烧和着陆架

最后一次燃烧，使火箭的速度减慢到只有5英里/时（8千米/时）。在这个阶段，由压缩氦气驱动的4支着陆架向外打开。凭借蜂窝状的"挤压核心"吸收冲击，碳纤维和铝制的框架可以承受巨大火箭的重量。

5. 回收

火箭相对平缓地停了下来，现在直立在海上的无人驾驶船上，然后工程师可以回收火箭，评估其性能并排放任何剩余的气体，然后将其送回岸上再次使用。这艘自动驾驶的驳船使用包括GPS定位数据在内的传感器和4个柴油动力方位推进器来保持火箭的姿态稳定，即使是在暴风雨条件下，其偏航也不会超过3米。

火箭从发射到着陆的整个过程，只需不到10分钟。

未来的边疆

从斯蒂芬·霍金到尼尔·德格拉斯·泰森（Neil deGrasse Tyson），再到埃隆·马斯克，这些科学和工程领域最伟大的人物认为，探索火星不是一种选择，而是一种必需。为了使人类能够永续生存，我们必须成为一个太空物种，而成功地前往火星是实现这一目标的第一步。

有史以来，太空旅行一直是一种无比昂贵的冒险。虽然让月球成为一个可选的周末度假目的地不太可能，但SpaceX取得的进展将有助于使这种追求变得更加经济。火箭是复杂且昂贵的机器，而“猎鹰9号”火箭具有在其生命周期内多次执行任务的能力，与前几十年昂贵的一次性火箭相比，这是一种经济性方面的进步。可重复使用的设备将迅速增加我们发送到大气层外的航天器的数量，为更长的旅程打下基础，

随着我们生活环境的脆弱性变得日益明显，前往火星的任务将点燃未来探索者心中的火苗。

这些旅程将最终把我们送到火星上。

与任何伟大的事业一样，到火星上生活的进展不会凭空出现。我们需要在太阳能和核能、回收利用、替代燃料来源和恶劣地形上的粮食生产方面取得进展，而这些方面的进步将直接影响到人们在地球上的生活质量。火箭可以将人类送上火星，但为了让我们的火星之旅不至于无功而返，各行各业的精英们需要精诚团结。

虽然难以量化，但太空探索所带来的鼓舞人心和道德建设的价值同样不容忽视。20世纪的太空竞赛是激励儿童和学生在科学、技术、工程和数学教育中取得优异成绩的关键；在21世纪，任何前往火星的竞赛都会激发同样的热情。随着我们生活环境的脆弱性变得日益明显，前往火星的任务将点燃未来探索者心中的火苗——对未来的人类来说，现在地球的局面可能意味着想要生存，就不得不进行太空“殖民”（而不仅仅是探索）。

工具包

05

无人驾驶汽车将利用一系列的传感器、图像识别系统和无线技术来实现自动驾驶旅行，乘客无须进行任何干预。它们将让我们的道路变得更安全、更清洁，并为任何能够使用它们的人提供行动自由。

06

超级高铁既能以接近超音速的速度运输乘客和货物，又十分经济且环保。它将改变生活在线路两端的人们的生活，消除通勤的痛苦，为偏远地区的贸易和工业注入活力。

07

动力机甲和外骨骼将加强我们的四肢，使我们能够更长时间、更轻松地执行累人的、耗费体力的任务。这些技术还有可能让那些无力使用四肢的人重获对自己身体的控制权，不论是老年人还是残疾人。

08

虽然到达火星是一个巨大的挑战，但是我们已经掌握了使旅程成为可能所需的技术。可重复使用的火箭系统和私营太空探索公司的务实高管将推动探索任务成本的降低。每次探索都会带来新的科学发现，激励我们的后代去创造他们自己的高新技术，并最终让我们掌握所需的一切技术和工具，踏上火星初始之旅。

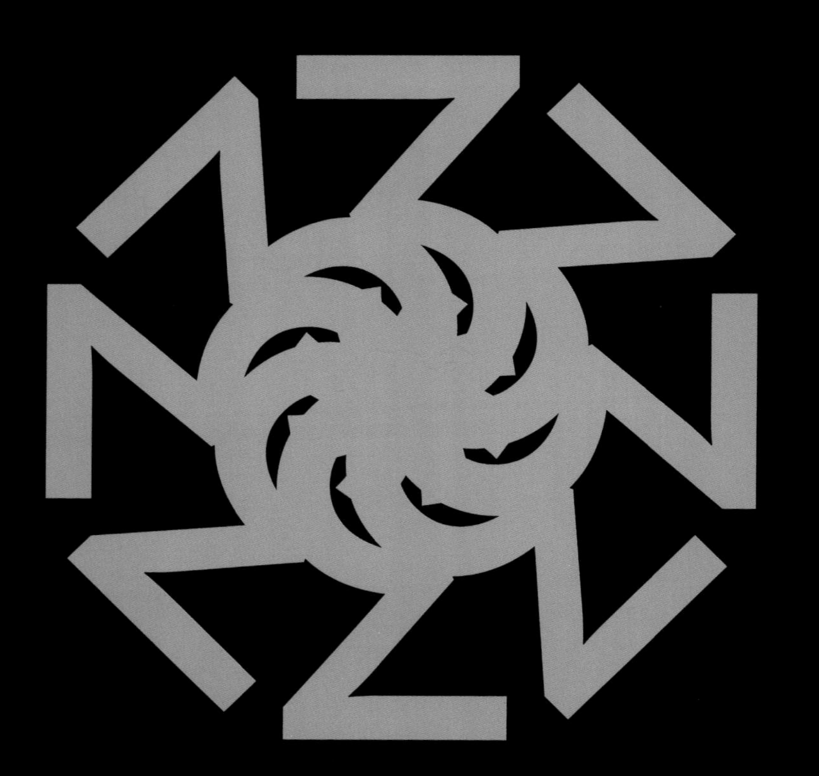

第3章

生存

在未来的几十年乃至几百年里，我们运用技术和掌握科学规律的能力将变得越来越重要。

从用长矛抵御剑齿虎到用抗生素抵御感染，人类总是善于用创新的方法来确保自身的生存。对工具的使用使我们能够征服地球，爬到食物链的顶端，并根除一些曾经存在的最危险的疾病。

在未来的几十年乃至几百年里，我们运用技术和掌握科学规律的能力将变得越来越重要——这不仅是为了超越自我和提高生活质量，也是为了对抗我们可能很快会面临的一些生存威胁。

其中一些威胁，如小行星撞击（从统计学上讲，这种威胁的可能性比你想象的还要大），是宇宙无限性质的一种偶然，我们无法影响其出现，但有可能在我们的能力范围内予以消除。另一些威胁，如日益增长的全球变暖的威胁，是我们自己制造的灾难——“难以忽视的真相”呼吁我们要去寻找绿色和可再生的替代能源。

在接下来的几堂课中，我们会探讨技术和科学将如何结合起来，以确保在其中一些灾难来临时，我们还能生存下去。一些提案设想了规模巨大的工程项目，而另一些提案则着眼于小到需要显微镜才能观察到的概念设备。一些想法讨论了最大限度地提高我们个人身体的效率，而另一些想法则畅想了一个乌托邦式的未来，届时，人人都可以享用到无限供应的高效和清洁的能源。

第9课　纳米机器人

在1966年的电影《神奇之旅》中，一队潜艇船员被缩小到微观大小，然后植入一个病人的体内，从内部修复病人的大脑损伤。半个世纪后，我们并没有发明出那样的收缩射线，但利用植入体内的微型技术来改善人类的健康情况并辅助疾病和损伤的恢复，成了一个人类不断探索和积极发展的概念。

纳米技术以及与之相关的机器人领域的纳米机器人，关注的是如何利用技术来影响物质的纳米级变化。为了便于大家理解，纳米是一米的十亿分之一，即10^{-9}米。一根头发的直径是10万纳米，而一个水分子的直径还不到一个纳米。因此，纳米技术的目标在于在远远超出标准显微镜所能看到的微小范围内准确工作——生命的基本组成部分正是在这个微小的层面上发挥作用。

纳米技术目前尚没有一种具体的形式，也没有一种先进的应用方式，但开发纳米机器人对医疗保健有直接好处。如果人类能在如此细微的水平上甚至在稍大的范围内控制分子，就可以更轻松地从根源上治疗和治愈疾病。

以在血管内工作的纳米机器人的概念为例，尽管没有《神奇之旅》中的人类船员，但影片中类似于潜水艇的飞船为纳米机器人的设计提供了一个绝佳的模型。纳米机器人就像一枚小小的鱼雷，它可以穿行于血管之内，凭借微型的药物或微小的工具，以无与伦比的精确度进行手术。

纳米机器人可以通过可生物降解药丸或简单的注射被植入病人体内，就像细菌利用鞭毛在人体内移动一样，凭借着某种机械式的尾巴，纳米机器人可以在人体的循环系统中移动。或者，纳米机器人也可以利用病人自己的血液向前移动，首先产生一个磁场来吸入导电液体，然后通过

一纳米是一米的十亿分之一

一根头发的直径为10万纳米

DNA（脱氧核糖核酸）的直径是2.5纳米，水分子的直径是0.275纳米

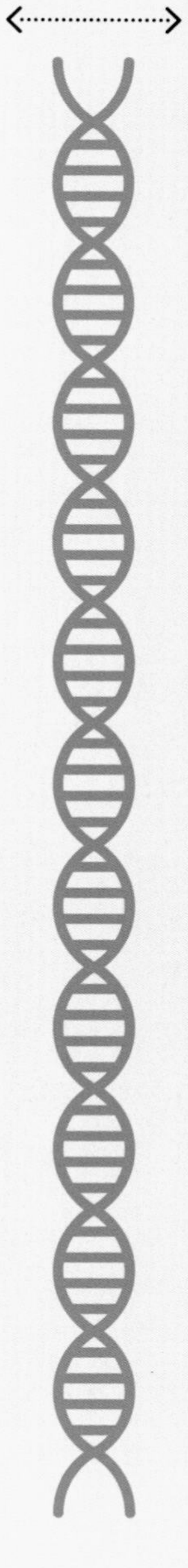

寻找纳米机器人的燃料源是一个巨大的挑战，这种燃料不仅能在人体中安全使用，而且需要在如此小的外壳内提供足够的完成任务所需的能量。

人们考虑过使用核动力系统，但最终放弃了这个想法，因为辐射会危害人体细胞结构。纳米机器人也可以使用外部电源，但这限制了它的可操作性，并增加了对病人造成内部伤害的可能性。另一个有意思的替代方案是将人体本身作为动力源，或是通过催化纳米机器人和病人的血液之间的化学反应来产生燃料，或是通过给纳米机器人安装电极，使其与血液中自然存在的电解质相互作用，从而形成一个微型的内置电池。

一个泵把液体喷出去，产生像水枪一样的推力。

微型外科医生

仅从前面讨论的情况就可以看出，研究纳米机器人的工程师们所面临的挑战是巨大的，但是解决这些问题所带来的潜在利益更是惊人。以癌症患者为例，根据不同癌症类型，癌症患者目前只能采用深度侵入性、痛苦的手术和让人身体衰弱的治疗方案。这两种方式都会给患者造成巨大的身体和精神伤害。纳米机器人可以在患者体内工作，以细微的精度割除癌组织，同时将化疗药物直接送到病灶源头，而不是依靠人体循环系统将药物送到预定目标。这会大大减少化疗所需的药物剂量和疗程的长度。随着西方人的饮食习惯变得越来越不健康，医疗保健行业越来越需要处理动脉内斑块造成的问题。胆固醇等脂肪在动脉壁内堆积，导致血液在体内流动的空间变窄。微小的纳米机器人可以像隧道钻机一样在人体动脉内工作，仔细地清理脂肪堆积。这些治疗不需要住院，甚至可以成为门诊治疗：你凭医生开具的处方，从药剂师那里拿到一个疗程的预先编程的纳米机器人，饭前就着一杯水服下即可。上面所述的还是没有考虑众多纳米机器人协同工作的情况。如果将一群纳米机器人部署在一起，同时执行几项任务，联网后的机器人可以实现单个纳米机器人无法实现的目标，这或许可用于对付原生动物甚至是相对较大的蠕虫。

但难道就到此为止了吗？未来学家雷·库兹韦尔（Ray Kurzweil）设想了这样一个未来：一年365天，每天24小时，随时都有纳米机器人生活在我们的身体里，与我们的大脑一起工作，确保我们永远处于最幽默、最聪明和最高效的状态。通过无线将它们连接到云计算服务，只需要我们的一个念头，纳米机器人就可以让我们自由地与互联网以及其他人进行远程连接。库兹韦尔认为这场革命在未来20年内有望实现，虽然这一预测并无十足的把握，但也看得出来这会是纳米机器人发展的最终目标。

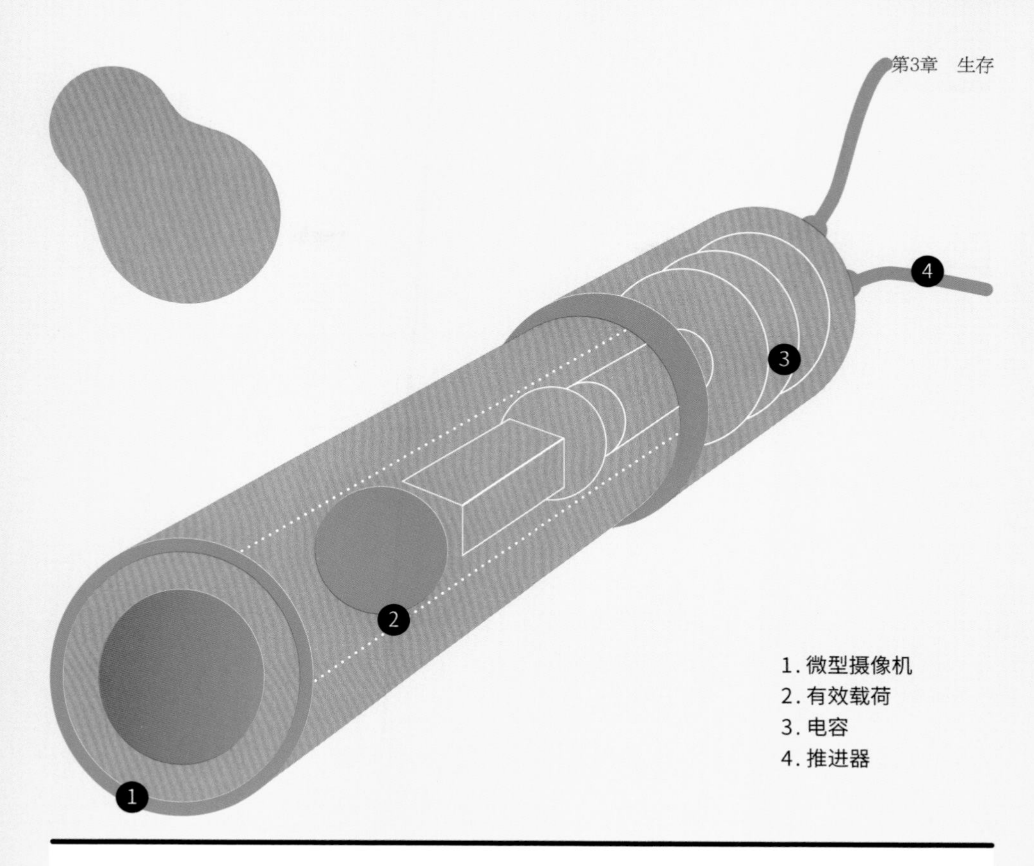

人类身体里的每一个细胞都包含自己的遗传密码的副本，被称为基因组。基因组由 DNA 组成，历经了一代代变异，由我们的父母传给了我们，定义了我们身上从运动能力到智力的各种特征和特性。随着对整个人类基因组的测序和破译，我们已经能够利用它来识别一些不良的特征，如导致疾病的基因突变。

CRISPR-Cas 9是一种工具，我们能够用它对 DNA 中的不良部分进行编辑。CRISPR-Cas 9是一对由科学家创造和使用的分子，用于寻找 DNA 中不需要的部分并将其切掉，之后要么让身体自我修复，要么插入理想的替代 DNA 链。如果对生殖或胚胎细胞进行了类似的编辑，这些改变就会永久地传递下去，形成一个新的遗传密码。

这些基因编辑技术在治愈囊性纤维化等遗传性疾病方面可能会很有帮助。然而，它们还有更多可能会引发争议的用途——我们是否能够（以及是否应该）用这些工具来培育“定制婴儿”，或者修改对人类有害的生物 DNA（如携带疟疾的蚊子），以消灭整个物种?

第10课 量化的自我

认识你自己！自古希腊哲学家时代以来，我们就非常重视阅读和理解自己身体和内心的能力。因此，很多人都密切关注各种个人指标已不是什么新鲜事。一直以来，人类孜孜不倦地进行自我研究，其成果使得运动员实现了破纪录的表现，并让那些患有慢性病的人能够避开疾病的诱因。随着处理器和传感器的体积越来越小，功能越来越强大，打造“量化自我”的技术也大受欢迎起来。

从智能手机到智能手表，从联网的戒指到布满传感器的衣服，可穿戴技术和个人技术使我们几乎能够监测自己生活的每个方面。想知道你在跑步时的心率吗？戴上配有光电容积脉搏波感应器（PPG）的苹果手表（Apple Watch）即可。想获得良好的夜间休息？把Beddit睡眠监测器放在你的床单下，它的心电图功能会监测你睡得是否安稳。想要保持身体中的水分？那就买一个蓝牙水壶吧，它会用发光来提醒你该喝水了。还有更多设备正在研发中，它们可以让糖尿病患者无须常规的血液测试，只通过汗液分析就能检查其血糖水平。同时，谷歌正在研发智能隐形眼镜，戴上它就可以测量佩戴者的血糖水平。

曾经，执行这些功能的都是体型巨大的医疗设备。但现在，人们将其制造和推广成为生活方式的一部分，以至于一些高端时尚品牌也开始进行这些设备的设计。

例如，Fitbit Charge 2运动手环看起来不过是一块彩色的数字手表。但是，它内置了一个光学心率监测器，用不同波长的光照射你的皮肤，并记录折射模式，便可以测量你的血流量；一个三轴加速度计，测量可穿戴设备的动作和速度，以计算出你的运动速度；一个高度计，测量海拔高度（甚至测量跑步中不同路段海拔高度的攀升）；一个蓝牙4.0无线电收发器，将可穿戴设备与其他智能设备连接起来，然后将自身收集的数据传输到智能设备中，并接收来自配对设备传感器的信息。这些组件产生的数据可以被分享到整个应用程序网络和线上健身社区，用于制订个性化的锻炼计划，并将激励措施“游戏化”，让你能

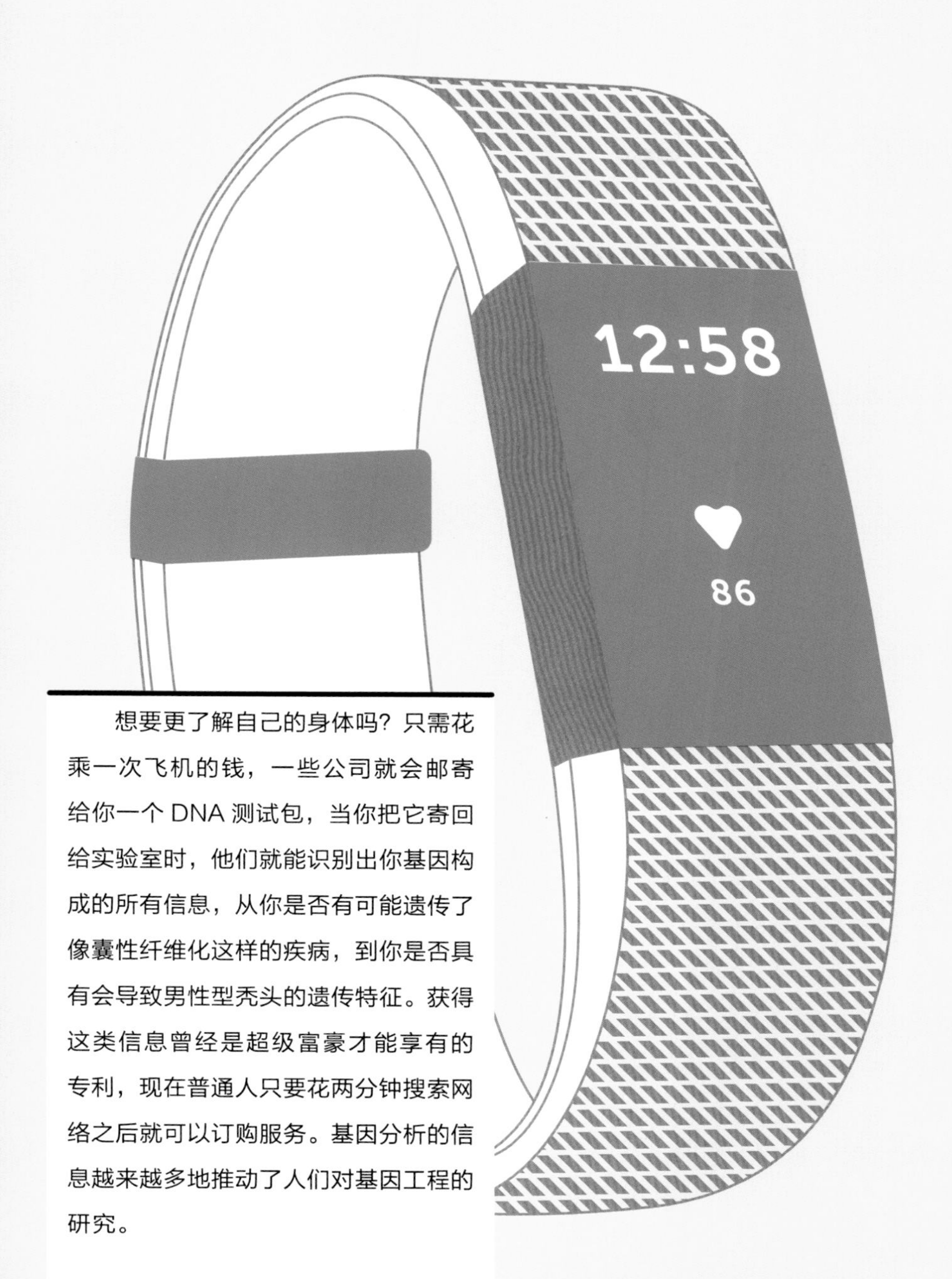

想要更了解自己的身体吗？只需花乘一次飞机的钱，一些公司就会邮寄给你一个 DNA 测试包，当你把它寄回给实验室时，他们就能识别出你基因构成的所有信息，从你是否有可能遗传了像囊性纤维化这样的疾病，到你是否具有会导致男性型秃头的遗传特征。获得这类信息曾经是超级富豪才能享有的专利，现在普通人只要花两分钟搜索网络之后就可以订购服务。基因分析的信息越来越多地推动了人们对基因工程的研究。

够完成那些艰苦的跑步和练习。

更健康、更幸福、更高效

通过监测关于我们的身体和可能对我们产生影响的外部因素的详细数据，理论上，我们能够建设一个更健康、更幸福的社会。

我们可以提前采取措施，治疗容易被忽视的有害病症。我们可以遵循各种监测系统给我们的建议，选择更健康的生活方式，减轻负担过重的医疗系统的压力。我们可以通过人工智能分析历史上最全面的医疗数据集，提高世界各地的诊断水平。随着计算机智能化发展和对人类基因构成的理解不断加深，全球的医疗工作者将能更迅速地发现跨文化和各国人口的健康趋势，从而帮助人类击败大流行病，使其没有机会扩散。

在个人层面上，量化的自我给了个人更大的信心来掌握自己的健康水平和锻炼计划。应用程序和监测设备可以轻松监测细化的、定制的健身目标的进展，在必要时，还能让患有慢性病的人在没有保健医生帮助的情况下，评估自己的健康状况。如果出现任何问题，应用程序和监测器还可以自动远程提醒医生注意病人突然出现的病情恶化，进一步增加病人的生存机会。

量化的自我不仅仅只关注个人身体的健康。除了以健康为重点的指标，应用程序和软件监测到的其他指标也有很大的用处。通过监测每月的财务支出，你可以增加自己的储蓄，以免出现囊中羞涩的情况。或者，在学习一项新技能（如学习演奏乐器或学习语言）时，你可以评估自己不断提升的能力，并发现学习中的问题所在。

再想一想你通过社交网络更新和在线搜索分享的大量数据——这些数据在通过算法处理后，也会显示关于你的大量信息，从而形成可量化的个性。

剑桥大学和斯坦福大学的一项研究发现，仅凭 Facebook 上的10个“点赞”，社交网络就能比你的同事更准确地预测你的品味和个性。只要有150个赞，社交网络就能比你的家人更了解你，而如果有300个赞，它甚至比你的伴侣更了解你。社交网络可以帮助你更容易地在网上找到新的朋友或恋人，同时，点赞数据也是广告商和政府会争相访问的一种数据，虽然它们的动机可能没有那么高尚。

这带来了伦理和道德问题。谁来控制和访问这些高度敏感的数据，他们会保证其安全吗？在一个数据驱动的社会里，个人有能力自我诊断和用药会越来越成为一种常态，但那些不能掌握自己个人健康指标的人会因此而寸步难行吗？遗传数据的轻易获取是否会带来完美的生物工程人——以牺牲个性为代价，消除了自身不完美地方的人类？在即将到来的个人数据热潮中，蕴藏着巨大的潜力，但我们也必须对其中的危险进行量化。

为了找到清

们需要仰望

灵感。

洁能源，我

星空获得

第11课　核聚变

寻找清洁的、可再生的能源已经成为当今世界最迫切的任务之一。我们可以做出积极改变，从缩短淋浴时间开始，再到更伟大想法的实现，如经济性电动汽车和绿色住宅（见第4课）。马斯克的特斯拉公司正在大规模生产一种便宜的新“太阳能屋顶”，它能将能量储存在“Powerwall”电池中，为全家供电。

我们需要共同努力，才能有效应对现代能源问题。那么，我们如何才能为所有人提供可靠的、经济的、清洁的和源源不断的电力来源呢？

不夸张地说，答案可能就在星星上。通过模仿太阳的结构，核聚变有望为人类提供足够的能源，供我们数十亿年之需，而且不会对我们的环境产生任何负面影响——我们要在地球上建造一颗恒星。

核聚变技术与核电站中的裂变反应不同。核裂变通过分裂原子产生大量热能（会产生危险的核废料），而核聚变则致力于将两个较小的原子结合成一个较大的原子，这一过程一旦实现，将创造大量的清洁能源。太阳内部源源不断地发生着聚变反应，核物理学家希望能复制太阳内部的条件，以实现人工聚变反应。

在太阳内部，氚原子和氘原子（氢的同位素，^{3}H和^{2}H）在极端的压力和热量的共同作用下结合在一起，形成了一个中子和一个氦同位素，以及巨大的能量。让物理学家们如此着迷的正是如何在地球上捕获这种能量。

氘和氚在地球上就能获得（在较小的程度上，因为它必须经过精心设计），前者大量存在于海洋中，而反应堆的建造和运行才是最棘手的部分。

建造反应堆的目的是达到核聚变的“点火”阶段，即发生足够多的核聚变反应，以实现连续聚变反应所需动力的自给自足，并实现比核裂变高出4倍的净能量产出。目前许多创造核聚变反应的实验方法正处于研究之中，最有希望的是使用一个被称为托卡马克的磁约束装置，这个装置的形状就像是一个巨大的甜甜圈。

为了使氢原子聚合，它们的原子核必须先要聚在一起，但由于每个原子核中的质子都带正电，它们会相互排斥，而托卡

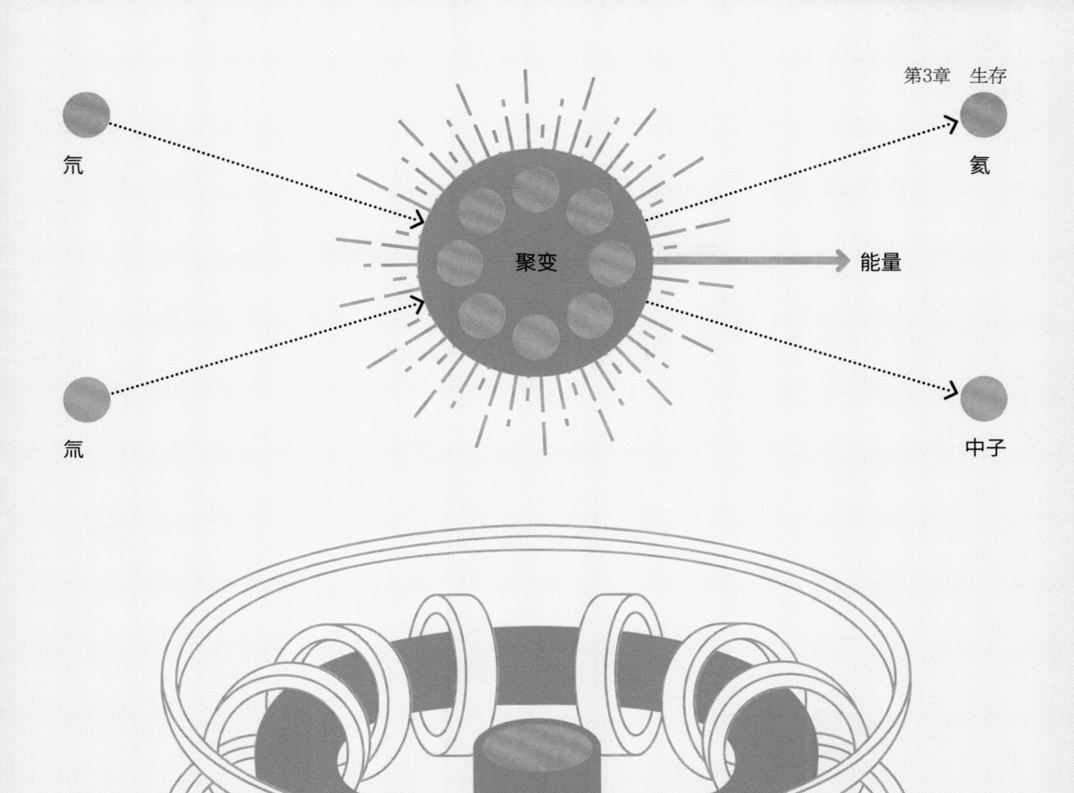

马克装置创造了反应发生需要的条件。

首先，氢气必须被转化为等离子体。为了做到这一点，托卡马克使用微波、电力和来自加速器中的中性粒子束将氢气加热到1亿开尔文，比太阳中心的温度高6倍左右，以补偿地球上的较低压力。这一过程需要巨大的能量，这也是实现点火阶段如此重要的原因。作为等离子体，原子内的电子被分离，使原子能够自由移动，然

另一种技术是惯性约束，在这种技术中，反应堆使用聚焦的激光或离子束来加热用氘和氚做成的燃料小球。当小球的表面被加热到非常高的温度时，小球会向内坍塌并极大地压缩。这为核聚变的发生创造了必要的条件，聚变产生的能量反过来又可以加热燃料，最终实现自我维持的点火阶段。

后利用磁场对等离子体施加压力，通过托卡马克装置，极向线圈和环形线圈产生巨大的磁力，将原子挤压在一起，（理想情况下）这样就能够持续产生聚变反应。地球上各地的托卡马克装置只需补充少量的燃料，产生的能量用来使水变成蒸汽，理论上，持续的反应可以无限地为发电涡轮机提供动力。

伸手摘星

尽管核聚变领域取得了巨大的飞跃，但目前它仍然只是一个诱人的梦想，因为还没有一个系统能够成功地创造出一次聚变反应，能够使反应产生的能量大于反应本身所需要的能量。核聚变能源生产的世界纪录要追溯到1997年，当时英国的欧洲联合环（JET）反应堆生产了16兆瓦的能量，足以为一个小镇供电，但其成本是25兆瓦能量的投入，而且这一产出远远低于太阳发出的3.86×10^{26}瓦特的能量。

核聚变的落地是一个令人难以置信的复杂过程，但也是一个结果正在慢慢变好的过程。如果你看一看计算机处理器的运算能力随着时间的推移而提高的图表，再将其与核聚变不断增加的产量相对比，你会看到两者都在以可比的速度前进。你很难不为过去半个世纪人类在计算方面所取得的成就而动容。

要使核聚变成为一种可行的选择，需要的是时间和投资，以及石油和煤炭巨头的态度转变，他们对我们社会具有巨大的经济和政治影响力。此外，还需要人们摆脱由切尔诺贝利核事故和福岛核事故的灾难所引发的辐射恐惧症。

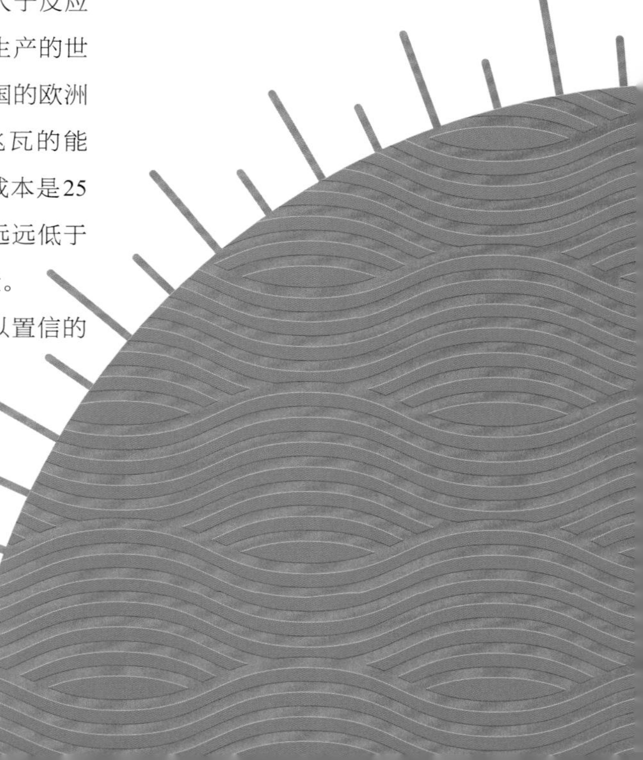

作为一个概念，核聚变自20世纪中期就已存在。关于核聚变有一个经久不衰的笑话，即核聚变的突破永远是40年后的事情。但是，随着优秀团队的出现和使这种能源成为可能的国际合作的增加，核聚变的想法真正开始升温。世界各地已经有许多地方和国际团队获得了大规模的投资。现在全世界大约有200台托卡马克装置，除了欧洲联合环外，还有法国卡达拉奇的国际热核聚变实验堆（ITER，International Thermonuclear Experimental Reactor）项目、英国的兆安球形托卡马克（MAST，Mega Ampere Spherical Tokamak）、美国普林斯顿的托卡马克聚变试验反应堆（TFTR，Tokamak Fusion Test Reactor），以及中国的聚变工程实验堆（CFETR，China Fusion Engineering Test Reactor）。此外，还有美国劳伦斯利弗莫尔国家实验室（LLNL）耗资70亿美元建造的美国国家点火设施（NIF），该设施专注于惯性约束聚变技术。

其好处是显而易见的。以现成的燃料为动力，核聚变将实现比核裂变和化石燃料多得多的能量，而且无须担心核裂变可能出现的泄漏和化石燃料产生的污染。核聚变反应如果失败，只会出现其组成部分冷却，而不会造成灾难性的泄露，而成功的核聚变反应将只会释放蒸汽和微量的放射性元素，作为获取能量的副产品，其数量不足为忧。

要实现这一目标可能需要巨大的灵感，但致力于在地球上打造人造恒星的先驱者们，或许能够一举解决能源问题和全球变暖的危机。

第12课　小行星防御系统

你曾经向流星许过愿吗？如果有，那么你可能看到过一个小流星体进入地球的大气层，然后在撞击地面前燃烧殆尽。来自太空的小物体通常承受不了穿破地球的大气层时的结构压力，但是如果换作是更大、更坚硬的陨石和小行星呢？

现在人们普遍认为，恐龙的灭绝是由于6600万年前希克苏鲁伯（Chicxulub）小行星的撞击。这次撞击释放的能量是1945年广岛核弹的100亿倍，留下了直径110英里（180千米）的大坑，引发了地震、海啸和火灾，将多达700亿吨的碎片抛向天空，使地球陷入长达两年不见太阳的冬季。虽然此后地球未再经历过任何类似的世界末日事件，但来自太空物体和彗星的撞击威胁仍然存在。2013年，在人类没有事先监测到的情况下，一颗直径约为19米的陨石掉落在了俄罗斯的车里雅宾斯克，其撞击的威力约为45万吨TNT炸药爆炸，万幸的是没有造成人员伤亡。

那么，有什么措施可以保护我们远离星系间的世界末日呢？

美国宇航局的行星防御协调办公室正在领导识别危险天体的工作，一些观测系统已经在运行中，针对近地天体（NEO）的潜在危险提供预先警告。全球各地的一系列地面望远镜有助于发现值得注意的近地天体，除此以外，还有近地天体广域红外探测器（NEOWISE）任务，该任务改造了一架执行太空红外扫描任务的航天飞船，对近地天体进行识别和分类，形成一幅关于其直径和反射率（一个物体反射的光量）的图像，并评估其运行轨迹和对地球的威胁程度。

识别一个近地天体及其对地球的潜在威胁是一个多阶段的过程，而且是一个需要在较长时间内精确进行的过程。一旦望远镜发现了异常现象（通常是通过跟踪在已知的、相对静止的恒星旁掠过的小天体后发现的），光度测量研究就会观察近地天体在一段时间内的亮度变化，建立一个相对于太阳的光曲线。由于近地天体往往是不规则的形状，它们在行进和旋转过程中会以不同的强度反射光线。一旦这种光曲线规律开始重复，人们就可以确定该物体的自转周期，并记录其光曲线的振幅，这有助于确定近地天体的大小和形状。

为了确定一个天体的运行轨道，必须进行多次观测，同时还要考虑到太阳系中较大天体和行星的引力，以及与太阳的距离也会对天体运行速度产生影响的事实。因此，可能需要几周的时间，人们才能有把握地绘制出一个天体的运行轨道。

当一个近地天体在月球的轨道内移动时，就会发生所谓的“近距离接触”，而正是这些近距离接触突显了行星防御系统的必要性。

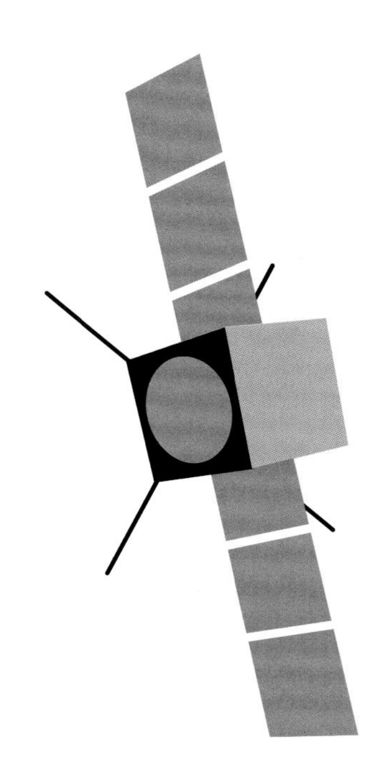

星际淘金热

尽管这个标题有点夸张，但人类有可能开发利用小行星吗?

商用航天工业正在研究如何在小行星上开采地球上日益稀缺的贵金属。金、银、钯、铂——小行星的构成中含有以上各种材料，所以勘探者有足够的理由将目光投向太空。

但那些希望从太空采矿中获利的人们面临着巨大的挑战。识别哪些岩石中可能含有稀有物质需要先进的传感器技术支持（由于燃料很贵，如果探测任务的第一个目标被发现是贫瘠的，就无法再去探测第二个目标）。而且，要在像小行星这样快速移动、不平整的天体周围保持稳定的轨道是非常困难的。此外，人类还需要有能够在天体上自主进行地下开采的机器人。

这将是有史以来成本最高、风险最大的淘金热，这还没有考虑不可避免的政治和经济争论，即地球大气层之外潜在的巨大财富应该归谁所有。但是，由于地球上的资源是有限的，而且正在枯竭，对于那些迎接挑战的人来说，星际采矿可能被证明是有史以来最有利可图的探险。2014年8月，作为欧洲航天局“罗塞塔”探测器的任务之一，“菲莱号”探测器成功在一颗彗星上着陆，开创了一个有希望的先例。

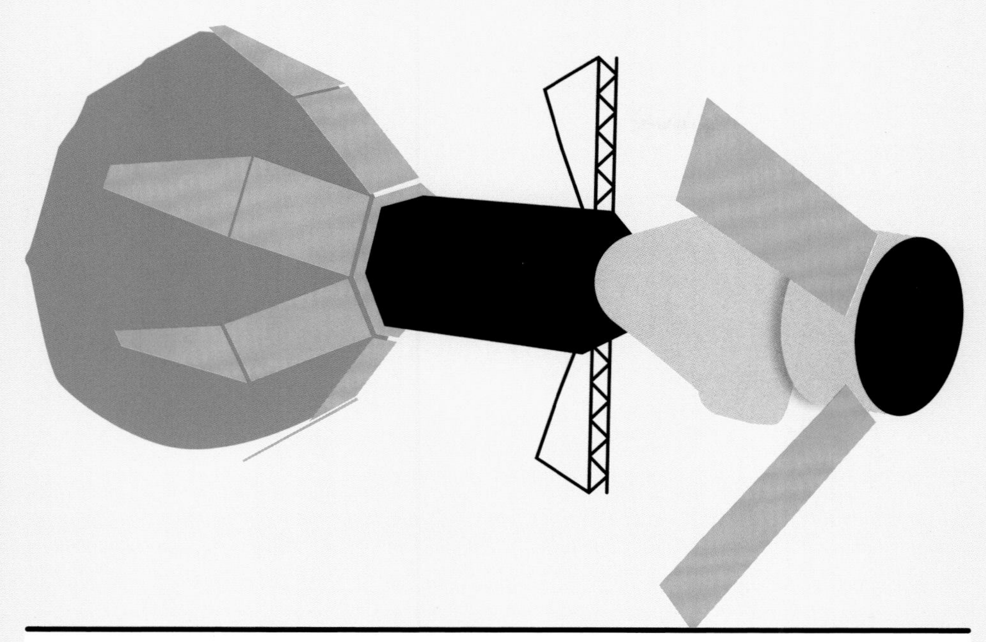

虽然我们已经能发现直径大于1千米的天体，但是，如果一个具有威胁性的天体穿破了大气层，那么我们基本上无计可施。

人们正在采取一系列的举措试图改变这种状况。美国宇航局的小行星重定向任务，希望向一颗近地小行星发送一台载有机器人装置的飞行器，使用机械臂从其表面收集一块巨石，并将其放入绕月的稳定轨道。科学家们将研究该样本，并判断需要何种技术来重新定向更大的天体。

美国宇航局还与欧洲航天局合作开展2022年的小行星撞击和偏转评估（AIDA）任务。该任务以3.5英里/秒（6千米/秒）的速度将自杀式飞船撞向一颗直径150米的天体，该天体是迪蒂莫斯小行星的卫星（围绕较大天体运行的小天体），评估通过动能撞击使小行星偏离轨道的可行性。任何观测到的轨道变化，都可以为防御更具威胁性天体的计算打下基础。

虽然大型小行星确实构成了一个潜在的威胁，但人们认为“毁天灭地”的撞击事件大约每10亿年才会发生一次，所以我们或许还有时间来解决这个问题。

工具包

09

纳米技术和相关的纳米机器人领域将为治疗疾病和解决健康问题开辟全新的途径。如今，需要众多医疗人员参与的有创手术，可以由成群的自主微型机器人在人体内完成。

10

随着健康追踪设备的使用和DNA测试变得越来越精确和普遍，我们能更深入地了解自己的身体状况，以及如何使用个性化的建议来维护自身健康。不仅如此，医疗工作者和科学家用以发明新疗法的健康数据也能得以成倍地增加。但是，所谓的“量化自我”必须谨慎对待，否则会使得一些社会成员被孤立，他们的个人数据也可能被滥用。

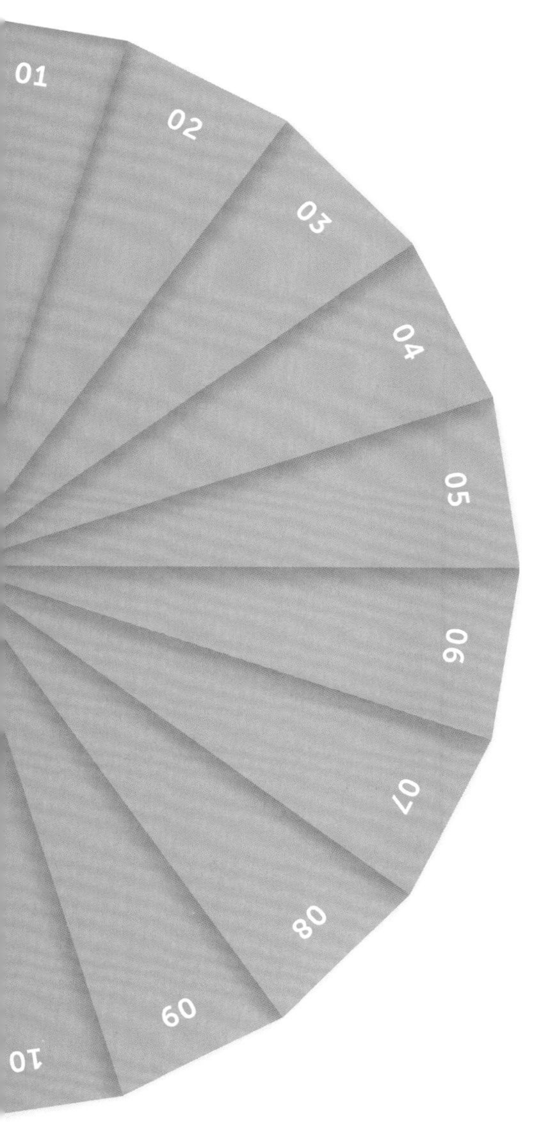

11

核聚变是解决地球能源需求问题的一个具有挑战性，但前景无量的方案。如果人类掌握了核聚变技术，就可以在地球上复制恒星内部的条件，提供几近无限的能源（不像现在所使用的燃料，会产生各种破坏环境的副产品）。

12

国际社会正在努力保护地球免受诸如陨石和小行星等“近地天体”的危害。虽然航天机构已经能发现潜在的威胁，但仍需要在未来几十年里对未经证实的空间防御技术进行测试，以使人类有信心保护自己免受来自外太空的危险天体的影响。

第 4 章

安全

第 13 课　网络安全

从密码被盗到数字战场，“网络战争”时代的我们该如何自保？

第 14 课　生物识别技术

我们能利用人体独一无二的特征来保护自己最宝贵的财产吗？

第 15 课　区块链

如果我们无法相互信任，那我们能信任区块链吗？

第 16 课　机器人军队

未来的战场上，自主机器人会替代人类士兵吗？

了解如何在这个脆弱的数字世界中运作至关重要。

如果说技术为我们打开了新的大门，那么它也让犯罪分子有了可乘之机。如果技术进步给一些人带来了和平和更好的生活，这往往也只是由于军事研究和战争成果的涓滴效应。

无论是在个人还是国家层面，与我们日益紧密相连的生活和基础设施都面临着不断加深的数字化威胁，这些威胁难以察觉，更无法预测。了解如何在这个新形势下安全和可靠地运作比以往任何时候都更重要。与此同时，常规战争的机制也在快速发展，人们不得不依赖远程和自主作战单位以求自我保护。

研究人员希望能从人体中寻到新的方法来保护我们珍视的东西，有远见的安全专家和机构寄希望于令人印象深刻的新加密方法，这不仅是为了保护我们的社会，同时也是为了不放过那些蓄意破坏和利用社会的人。

从空中的无人机到我们眼中的密钥，本章将探讨我们的互联世界所面临的不断增加的威胁，以及保卫世界所需的正在研发中的技术。传统的边界和防御机制将丧失它们曾经拥有的威力，本章将帮助我们了解在未来世界中保护我们自己安全所需要的技术、硬件和机器。

第13课　网络安全

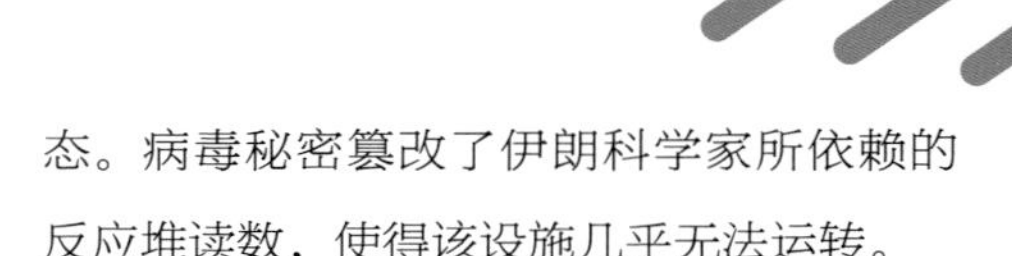

当你在浏览社交媒体时，就如正在进行着一场以军备竞赛为基础的无形的战争，在这场竞赛中，一行代码可能与一枚核弹头一样危险。

现代世界对相互连接的计算机系统的依赖如此之深，以至于过去的实体战场正日益被网络空间的无人区取代。战斗越来越数字化和秘密化，黑客的目标是敏感、脆弱的数字基础设施，而当今社会主要依靠这些基础设施支撑着。

这样的威胁可不是说着玩的。随着日益频繁的攻击，全球各地的数字基础设施都陷于瘫痪。以网络战争新时代的第一批武器之一的Stuxnet病毒为例，它利用微软Windows平台中存在的零日漏洞（软件包中尚未被发现和修补的数字缺陷），破坏了伊朗在纳坦兹的一处核设施。这是一种能够在联网的机器上进行自我复制的蠕虫病毒，它的传播非常迅速，并专门针对可编程逻辑控制器——工业设施中用于自动化控制的普通计算机。在针对伊朗核设施的攻击中，它使得微妙的核反应陷入不稳定的状态。病毒秘密篡改了伊朗科学家所依赖的反应堆读数，使得该设施几乎无法运转。

蠕虫病毒是如何传播的呢？或许就像工作人员将U盘插入电脑一样简单。Stuxnet病毒可能已经感染了系统长达5年的时间，直到2010年才被发现，但它所造成的影响仍未确定。

所有联网的关键基础设施、服务和设备都面临着这类攻击的风险。我们理所当然地认为GPS卫星、陆地和空中交通控制中心、医疗数据库、电网和核电站是需要防御的一些系统。但病毒还会对未来技术构成威胁，如联网的无人驾驶交通、自动化家庭和机器人劳动力。了解这些威胁的产生方式和分布，是保护我们的基础设施的关键。

网络和平条约

虽然人们在进攻性网络技术方面进

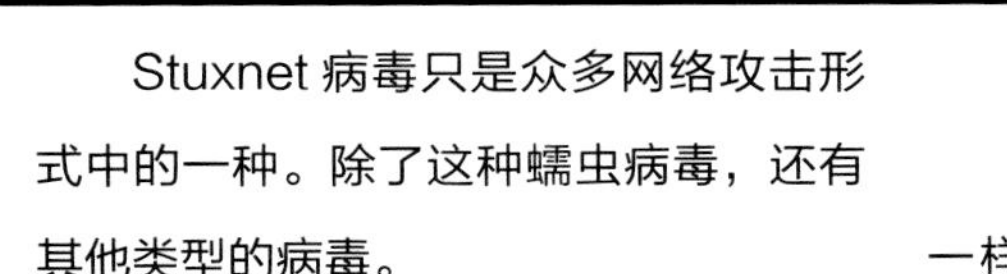

Stuxnet 病毒只是众多网络攻击形式中的一种。除了这种蠕虫病毒，还有其他类型的病毒。

1. 网络钓鱼攻击

通常通过电子邮件中的恶意链接进行传播，这些链接被伪装成看起来像是从受信任的来源发出的，可用于窃取用户数据或在计算机上安装恶意软件。

2. 木马

就像希腊神话中的特洛伊木马一样，木马病毒会将自己伪装成合法软件。

3. 分布式拒绝服务攻击

又称 DDoS 攻击，这些病毒用流量攻击网络，使系统过载和瘫痪。

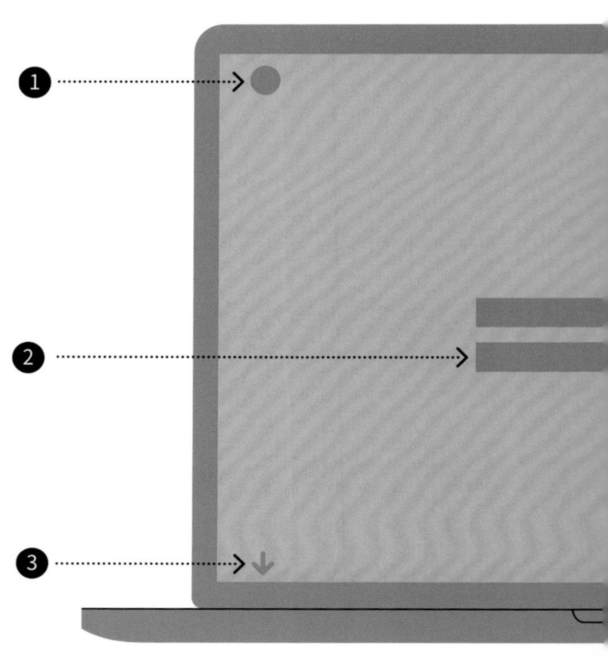

行了大量的投资，例如英国政府通信总部（GCHQ）和美国国家安全局（NSA）这样的政府安全机构，但网络攻击的进化性质意味着，我们在防御它们时，总是会不可避免地落后一步。由于难以识别罪犯的身份和网络犯罪无视国际边界，一个国家的管辖权及其权力只能在黑暗中摸索。什么是对网络攻击的适当回应？如果被认定犯有网络间谍罪的是一个国家，我们可以对被告进行什么制裁？交战规则已经被撕毁，交战各方已经没有了共识。除责备幽灵般的作恶者之外，无人知道该如何应对此类事件。

为了确保个人、机构和国家能免受网络战争的影响，我们必须制定新的规则，并建立新的行为准则，以明确在这个新领域内的战斗的限制和法律。核武器条约能否为我们穿越这些新挖的战壕提供指引？任何形式的战争都会带来悲伤和痛苦，但国际社会共同议定的网络战争和平协议，甚至条约，可以限制这种新形式的攻击所必然会造成的破坏。

在全球网络战的战场之外，个人如何才能降低被数字犯罪分子盯上的概率呢？网络安全专家马克·古德曼（Marc Goodman）是《未来犯罪》（*Future Crimes*）一书的作者和未来犯罪研究所的创始人，他制定了 UPDATE 协议。这是一份让人们免受85%的数字威胁和伤害的自我保护指南，共分为6个部分。

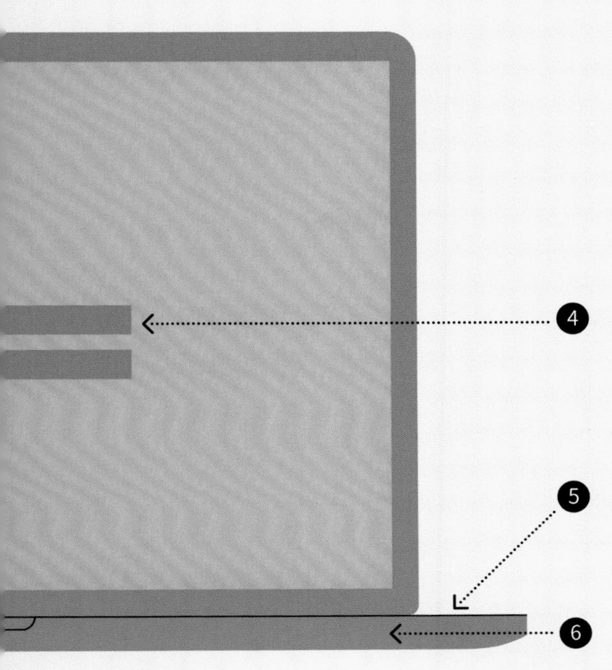

1. 更新

不要对开发商的软件更新置之不理。这些更新会增添新的功能，包括针对黑客可能利用的漏洞所打的补丁。

2. 密码

要保证密码的私密性和安全性。不要将密码写在纸上或告诉他人，不要在多个设备或服务中使用相同的密码，确保密码由大写字母、小写字母、符号和数字构成。如果你觉得这听起来很难做到，可以使用密码管理应用程序（如 LastPass）。

3. 下载

只从可信任的来源下载软件，并注意应用程序请求的权限（如访问你的通讯录或位置）。如果软件看起来很可疑，请三思，你可能会让自己受到攻击。

4. 管理员

除非绝对必要，避免登录管理员账户。与标准账户不同，管理员账户能更深入地访问你的设备及其操作系统的基本运作。如果管理员账户被攻破，黑客就如同捡到宝了。

5. 关机

如果你的电脑没有开机，黑客就无法访问它，所以在不使用电脑时，记得关机。同样，如果你不需要使用蓝牙和 Wi-Fi 等连接，也要关闭这些功能。

6. 加密

对数据进行加密能将信息打乱，即使黑客获得了你的数据，他们也会更难利用它。

第 14 课　生物识别技术

我们都有自己想要保护的东西。无论是实物（如我们家里的东西）还是数据（如我们 Facebook 页面上存储的信息），我们一直尽力把它们锁起来，希望能让窥探的目光和小偷远离我们的贵重物品。

要撬开一把物理锁，并不需要魔术师胡迪尼（Houdini）那样的身手，而只要有合适的软件和技术，数字密码在几分钟内就能被黑掉。后者尤其脆弱，随着我们使用的数字设备和服务越来越多，我们需要记住的密码和用户名也越来越多，这导致我们为了图省事而形成的坏习惯——创建易于记忆的密码或在多个服务中重复使用相同的密码（如果一个服务的密码被泄露，其他所有的密码都如同虚设）。

生物识别系统有望成为解决现代安全问题的轻松、安全的方案。生物识别系统依赖的不是我们拥有的物品（如钥匙卡）或我们知道的东西（如密码），而是建立在我们的生物特征之上。

生物识别系统从用户身上获取一个独一无二的生理识别特征，比如指纹或声纹，并利用它来识别和认证你是否有权访问或查看某个项目。你的身体就是一把生物钥匙。现在已经有了许多生物识别系统的应用场景——笔记本电脑和智能手机都带有指纹扫描，与面部识别相机配对使用的数字护照，一些银行机构还允许用户通过语音识别来访问账户。

我们随身携带着这些独一无二的生物密码，随时可以根据需要使用——无论是解锁数字信息，还是与现实世界中的物理

屏障结合，让我们可以进入上了锁的地点并访问加密存储的信息。

现有的生物识别安全方法中最准确的是虹膜扫描。它能让你仅凭眼球的凝视就能解锁东西。虹膜是我们与生俱来的一个安全身体部位。每个人的虹膜颜色和图案都是复杂且独一无二的，与指纹不同的是，因为有眼睑的天然保护，虹膜不会随着时间的推移而磨损。

（1）首先，你的眼睛必须被“录入”到一个数据库，并与你的个人身份信息相关

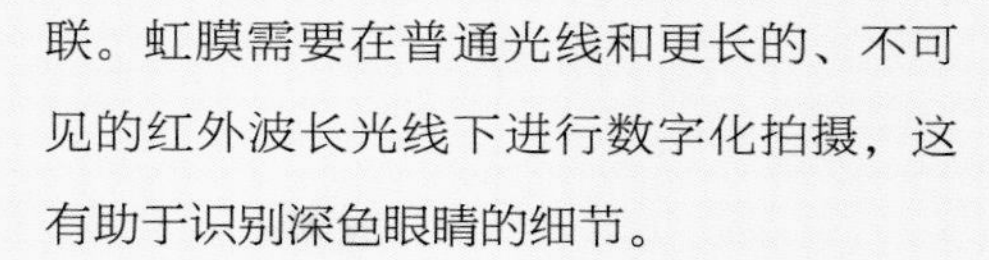

联。虹膜需要在普通光线和更长的、不可见的红外波长光线下进行数字化拍摄，这有助于识别深色眼睛的细节。

（2）图像识别系统会从图像中去除无关的信息，如睫毛，并考虑到瞳孔大小可能存在的差异（在不同的照明条件下瞳孔会放大），然后使用极坐标分离出虹膜的信息。

（3）带通滤波器可以分离出眼睛中的数百个单独的识别标识，它能识别出图像中不同区域的亮度水平，这也是每个虹膜所特有的。

（4）这些图像被转换为数字化（加密）数据，并与你的个人信息一起存储在一个安全的数据库中。

（5）一台从世界任何地方远程连接到数据库的扫描仪可以拍摄你眼睛的图像，并将其与数据库中存储的数据进行比较。如果扫描仪找到了匹配的数据（并能证实你是本

在加入双重身份认证系统中时，生物识别安全系统更能发挥作用——如果虹膜扫描与字母数字密码一起使用，就会有加倍的效果；如果虹膜扫描再与一台物理设备相结合，就更安全了。当你试图解锁一个丢失的账户时，一个密码可以被发送到你的手机上，毕竟，从统计学的角度看，同时丢失密码和手机的可能性不大。

人），那么你面前的门就会被解锁并打开。

个性化的保护

生物识别安全技术将让我们的数字化生活和现实生活变得更加安全，保护我们不受越来越精通技术的犯罪团伙的侵害。通过利用我们每个人身上独一无二的生物标识，我们能够确保自己的数据和财产不会落入那些企图不劳而获的人的手中。

即使是最健忘的人也会感到自己的贵重物品变得更加安全——生物识别标识不可能丢失，也不会被遗忘。这将给所有人带来一连串财务上的好处：信息技术管理员将使用更少的资源来保护被泄露的账户；物业经理将不会再因为钥匙卡丢失补办而收费；由于银行欺诈案件减少，个人财务安全将得到保障；警方不用再追捕线上和线下的信息罪犯，便可以将精力用于其他案件处理。

但是，和所有的防御系统一样，生物识别安全技术并不是完全无懈可击的。人们担心的是，这些生物识别技术获取的信息会成为黑客明天的猎物，一旦被盗取，就可能会对被攻击者产生终生的影响。

随着我们的生物信息被转化为数字信息，我们能相信这些信息的保管者会像我们自己一样捍卫其完整性并维护其隐私吗？当生物识别登录成为默认的安全系统时，那些已经被黑客盗取了信息的人该怎么办？他们的虹膜扫描和指纹信息已经在数字世界的不法者之间流传开了。你可以更改一个字母数字密码或换一把金属钥匙，但你无法改变自己的声音、虹膜和指纹。众所周知，技术不够的面部识别系统会被一张高分辨率的照片所蒙蔽，而低档的指纹扫描仪则会被黏土压制的模型所欺骗。如果更先进的系统在未来也被攻破，人们整个的依赖网络连接的生活可能会永久地陷入混乱。

生物识别技术并非只有守护我们生活中最宝贵的东西这一种用途，它也可以被用作一种监视手段。人们对所谓的“行为识别”越来越感兴趣，这是一种不仅可以通过人们的身体特征，还可以通过他们的行为来识别一个人的能力。你走路的步态、你的心跳、你敲击笔记本电脑按键的速度和力度，只要有合适的监测传感器和软件，这些都可以和其他数据关联起来，把你从人群中区分出来。无论是用于在你经过广告牌时，专门打出的针对你的口味的广告，还是用于辨别狂热者在社交媒体上大放厥词时的攻击性意图，人们的身体和行为会使得它们被以闻所未闻的方式追踪和分析。

与所有敏感数据和材料一样，生物识别技术需要被谨慎对待和尊重。随着生物

识别技术的应用变得无处不在，我们需要尽力不把它们视为理所当然。但是，如果我们对自身的个人安全秉持认真严谨的态度，并了解我们所面临的各种威胁，生物识别系统将成为未来防范诈骗犯的一道强大的附加屏障。

区块链可
变我们习
安全系统。

以彻底改
以为常的

第15课　区块链

❶ 独特的标识符

❷ 分布式数据库

想象一下，你自己并没有犯罪，却因受到指控而不得不走上法庭，去面对法官和陪审团的裁决。但是，如果手持法槌的法官能通过正当的网络连接，访问关于你生活的区块链日志，那么在你受审之前，法官就会知道你是否是一个清白的、守法的公民。而且，有了区块链，不仅权力机关可以跟踪你的行动，整个网络都在记录你的善举和恶行，这将构成不容辩驳的、不可推翻的证据。

区块链是一个私有的、点对点的、永久性的、去中心化的数字账本系统，它以20世纪70年代IBM（国际商业机器公司）首批建立的数据库为基础，视透明度、准确性和廉洁性为最高准则。区块链能保存一系列事件的历史记录，这些记录无法被伪造或篡改，并由一群网络化的证人担保。通过这种方式，区块链能改变任何交易性质的关系中的权力平衡——比如你和银行、政府机构甚至是合作伙伴之间的关系。

区块链的工作原理如下。

（1）任意一条信息（从银行卡交易到果园里苹果的采摘日期），会被分配一个由30多个字符的字母数字代码组成的独一无二的标识符。这条信息就成了一个“区块”，代表特定数据的区块组成的“链”便是区块链。

（2）这些信息被放在一个分布式数据库中，与这个区块链有关的任意一方都可以访问。任何人都可以在没有中间人的情

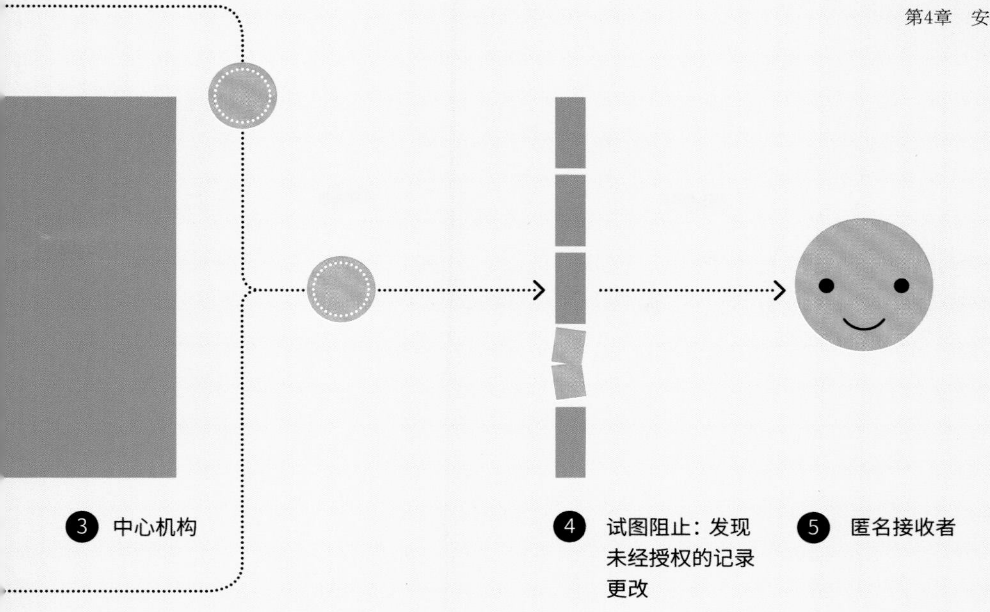

况下验证任何交易的记录，因为各方都可以查看所有记录下来的事件的数据。由于所有用户都可以访问整个数据集，访问区块链的人都无权拥有（或扣留）信息。一项信息只有得到所有各方的同意后才能进行修改。

（3）点对点的数据传输使得所有记录都是最新的，并且无须经过中心机构。相反，每个接入区块链的个人都成了一个将信息传递给其他几方的节点。

（4）由于链上的每个区块都有唯一的标识符，因此区块链中的记录不可能被撤销或改变。链上的每个区块都是根据前一区块的代码来分配其独特的字母数字代码。由于区块只能按照线性的时间顺序添加，当链中的一个区块被移除或改变的时候，后面区块的标识符就无法与前面的区块相匹配，打比方来说，就如同链条的一环被打断了。

（5）虽然链上每笔交易和区块的价值对系统的所有用户都是可见的，但如果用户自己愿意，他们可以选择保持匿名。交易发生唯一需要的条件就是一个区块链地址。

今天，区块链最引人注目的应用是国际加密货币比特币（Bitcoin）。作为一种用户之间私下进行直接支付的方式，比特币对区块链的使用引发了一场算法淘金热。“比特币挖矿人”使用自己的计算机来处理由于区块链交易而产生的一些复杂的数学计算问题，从而得到货币奖励。

早期的“比特币挖矿人”确实有机会变得非常富有。2017年11月，一个比特币的价值创下了当时的最高纪录11000美元（约75394元人民币）。这只是区块链热潮的开始。

铁证如山的时代的信任

随着区块链被越来越多地使用，我们作为国家、机构、企业和个人，会越来越对自己的行为负责。责任制会孕育出责任感，而责任感会催生出有分寸的行为和对后果的考虑。已实施的区块链将曝光任何不检点的行为，让我们有权力去质疑那些我们以前会无条件地信任的机构，不管是跨国银行还是地方警察部门。

因为要追究“人”的责任，区块链的优点或许听起来有些不近人情。但通过区块链的使用，世界上最弱势的人也能得到保护。钻石开采中的不人道的行为可以得到更好的监管，宝石的出处可以从其来源一直追踪到珠宝销售商，以确保采矿工人的工作环境是安全的、合规的。人口贩卖团伙也会得到打击，全球有15亿人没有正式的身份证明文件，这使他们面临着被剥削的风险。通过对被挟持人员的流动和利益分配进行质询，以及发现制造业中无法解释的人力劳动成本，区块链可以成为保护那些无人关注的社会群体的框架。

在个人层面上，区块链在日常生活中的广泛应用的好处也会很快显现出来，特别是由于纸质档案的管理松散而造成问题的地方。银行欺诈和经济犯罪将会大大减少，个人的储蓄和投资能够得到保护。医疗记录连同病人的所有治疗历史以及开处方的医生都会像被刻在石头上一样不可改变。保险索赔可以得到极大简化，有了区块链数据的确定性的支持，索赔证据将无可辩驳。

当然，具有讽刺意味的是，区块链系统本质上是为了规避旧有的大机构和政府对个人隐私的窥视而建立的，但它也很容易被其早期的鼓吹者想要贬低的力量所笼络——这种技术或许会成为监视和监测人们的手段。虽然人们都接受个人应该为自己的行为负责，但区块链的永久性，至少在其某些可能的应用中，带来了巨大的道德问题。面对一个无可辩驳的事件的数据集，还有什么解释的余地呢？信任的价值又会发生怎样的变化呢？

区块链广泛应用的好处会很快显现出来，特别是由于纸质档案的管理松散而造成问题的地方。银行欺诈和经济犯罪将会大大减少，个人的储蓄和投资能够得到保护。

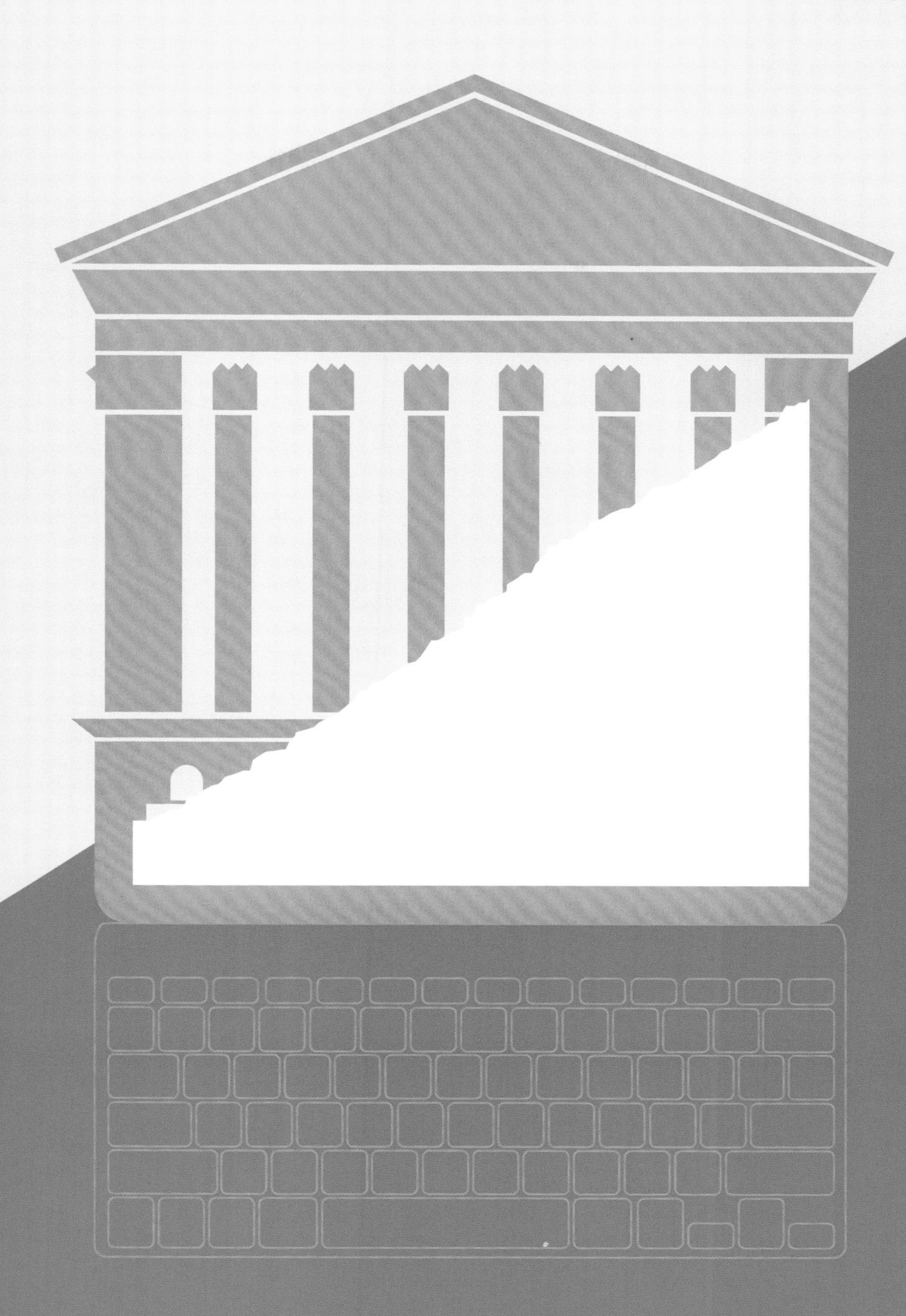

第16课 机器人军队

天上飞的是一只鸟吗？还是一架飞机呢？在不久的将来，当你望向天空，从你头上飞过的有可能是一架无人机。

自主驾驶能力越来越先进的各种尺寸的无人驾驶飞行器正在日益广泛地被用于民用空域。从好莱坞的电影拍摄，到卢旺达的医疗用品运输，再到由救援队远程驾驶，在人员无法到达的灾区搜寻幸存者，都能发现配备了高清摄像头的无人机的身影。你或许曾收到过一架休闲无人机作为圣诞礼物。具有天马行空般想象力的亚马逊公司甚至设想通过安置在飞艇上的自主驾驶无人机群，将包裹空投到消费者的家门口。

无人机源于军用设备。无人机最初主要用于监视，基于U-2高空侦察机的战术保密性发展而来。2002年，就在美国世贸中心9·11袭击事件发生的一年多之后，美国中央情报局下令用无人机发射了第一枚“地狱火”导弹进行攻击，目标是奥萨马·本·拉登。此后，世界各国军方对无人机的开发与利用便一发不可收。

在全球日益多样化的无人机部队中，美国军方的MQ-1捕食者侦察机（MQ-1 Predator）和MQ-9死神（MQ-9 Reaper）、无人驾驶飞机（UAV，unmanned aerial vehicle）可能是使用最广泛、最致命的。虽然捕食者侦察机经常会挂载武器，但它更多的是用于情报、监视和侦察行动。

那么，地面部队的情况如何呢？他们也会被机器人化吗？答案是有些部队已经机器人化了。福斯特－米勒公司的“魔爪（Talon）”机器人，就是已经投入使用的许多遥控小型坦克之一，同时投入使用的还有多用途战术运输车（MUTT，multi-utility tactical transport）。

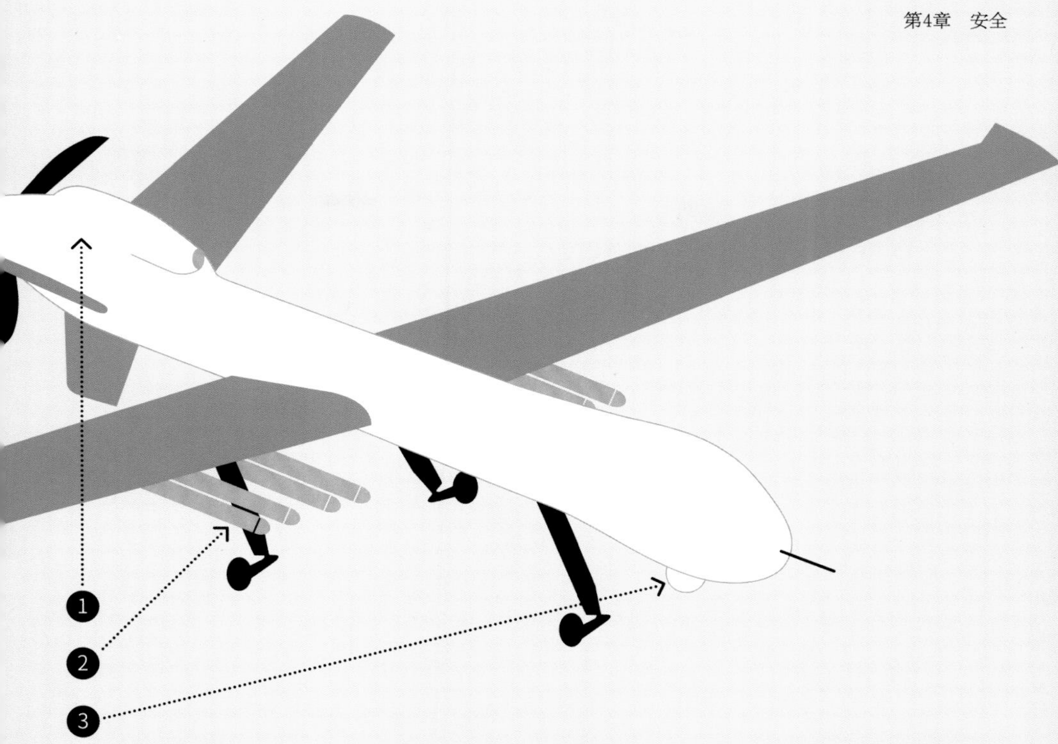

“死神”（如图所示）长11米，翼展20米，能够以230英里/时（370千米/时）的速度飞行1865英里（3000千米）的距离，加一次油的飞行时间长达42小时。每架“死神”可以搭载总重1.7吨的武器装备，飞行员可在数百英里外的安全位置，通过远程操作执行危险任务。

1. 合成孔径雷达（SAR，Synthetic aperture radar）

这是一种雷达天线的形式，它通过发送无线电波脉冲并记录返回的波来创建物体的三维图像。它支持使用GBU-38联合制导攻击武器（JDAM，Joint Direct Attack Munition），这是一种所谓的“智能炸弹”转换套件，可以安装在与SAR协同工作的炸弹上，使其具有集成的惯性制导系统，与GPS接收器配合使用，以提高远程精度。

2. 弹药

包括230千克的GBU-12宝石路（Paveway）Ⅱ型激光制导炸弹，多达4枚的AGM-114地狱火（Hellfire）空对地导弹和红外制导的AIM-9响尾蛇（Sidewinder）空对空导弹。

3. 多光谱瞄准系统（MTS，Multi-Spectral Targeting Systems）

这些系统提供目标跟踪、获取和激光

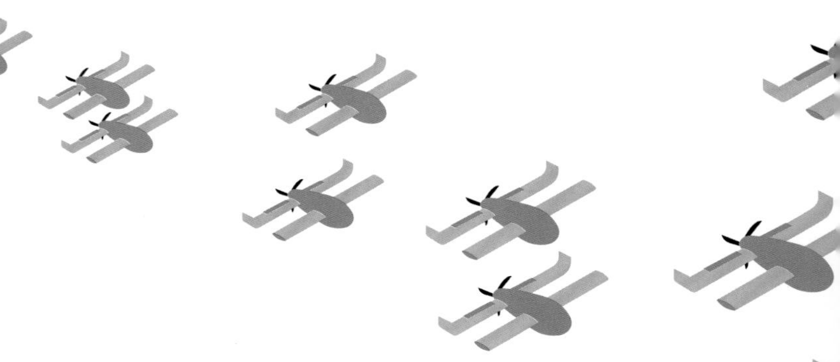

引导，使遥控驾驶员能够看到战场。它们在可见光和红外光谱中具有可调整的视场和变焦水平，能够从距离地面数英里的高度提供行动参考视频资料。

人与机器的较量

无人机发展的最终方向是人工智能驱动的未来，在这个方向上，机器可以根据命令，在无须人类操作的情况下，策划和执行对目标的攻击。

研究的成果已经问世。正在设计和测试中的小型“山鹑”（Perdix）无人机群是大型团体协同演习的一款模型机。受到虫群行为的启发，“山鹑”无人机群使用一个联网的、共享的人工智能系统进行编队工作——用蜂群的方法来监视或压制一个目标。它们可用于侦察、干扰敌方通信，充当雷达诱饵，也可以携带武器装备。

无人机军队将成为任何有能力驾驭它的军方的关键力量。它能减少联合作战的人类战斗人员面临的危险，使冲突得到快速、果断解决。同时，利用日益精细的成像系统进行的监视活动，将对任何有侵略意图的敌人起到威慑作用。

然而，在发展机器人士兵这件事上，世界各国必须谨慎行事。关键问题是，对于这种对自动化的推动，其边界在哪里？现在，机器人战斗人员需要有人类操作员的杀戮指令才能击杀目标。其危险性不言而喻。想象一下这样的情景：一个由人类控制的机器人士兵或无人机遇到了一台完全自动化的杀戮机器，后者不需要获得许可就可以扣动扳机。一个士兵如果不能比它

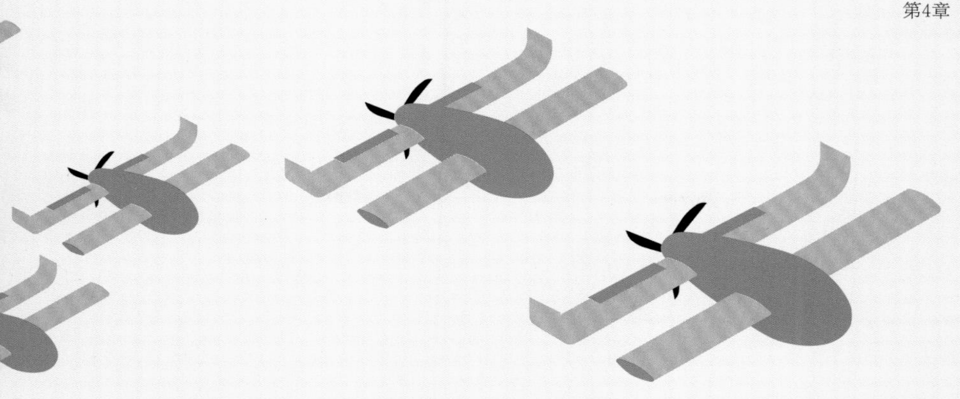

正在设计和测试中的小型“山鹑”无人机群是大型团体协同演习的一款模型机。受到虫群行为的启发，“山鹑”无人机群使用一个联网的、共享的人工智能系统进行编队工作——用蜂群的方法来监视或压制目标。

的敌人反应更快，那么他在行动中就毫无用处，而一瞬间的道德犹豫将被视为一个弱点，因为如果这种情况出现在一个有思想的战斗人员身上，不管是不是人类，其结果都是必死无疑。

然而，对人类的识别是研究如何创造一个有道德准则的注重结果的合成士兵的关键。在这个人命关天的挑战得到解决之前，我们不能再往前迈步。因此，2015年，包括史蒂夫·沃兹尼亚克（Steve Wozniak）、戴密斯·哈萨比斯（Demis Hassabis）、詹·塔林（Jaan Tallinn）、埃隆·马斯克和斯蒂芬·霍金在内的科技界权威人士，联合了1000多名签名者，向第24届国际人工智能联合会议提交了一封信，警告了人工智能驱动的战斗人员对人类生存的威胁。

一支机器人军队会减少人类士兵必须面对的危险和恐怖，也使我们远离武装战斗中自己制造的恐怖。我们害怕电影中的“终结者”，因为它没有同情心、悔恨或怜悯。我们将不得不发问，如果我们创造了一种军事文化，让我们乐于使用远程命令执行攻击，而对我们造成的死亡后果避而不谈，那么我们将何以为人。

工具包

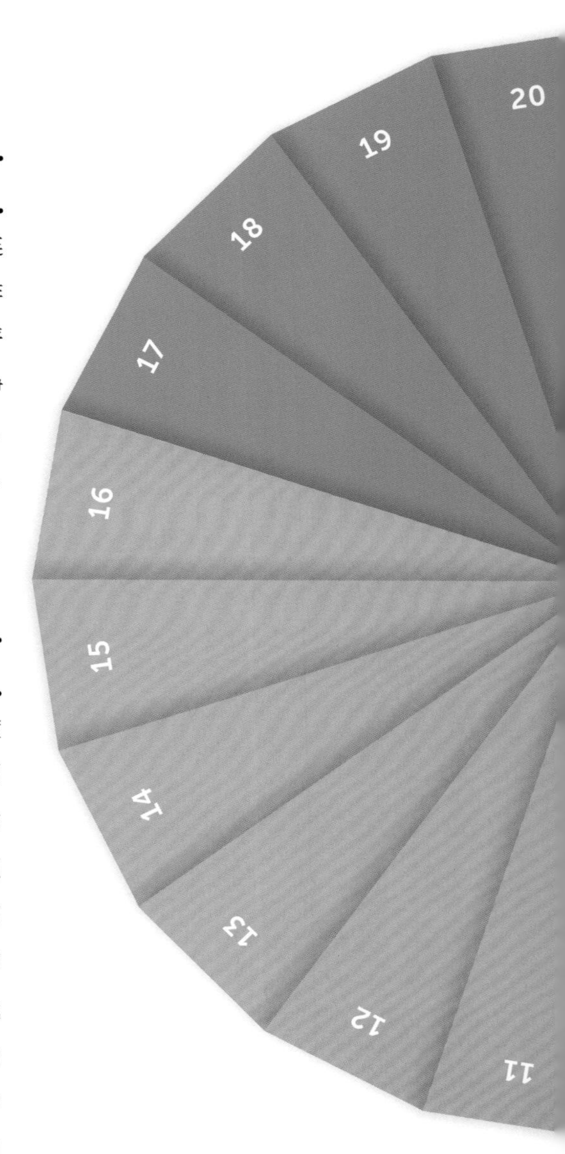

13

网络连接的世界有其好处，但这些连接使我们容易受到全新形式的攻击。除非我们采取适当的预防措施，要么遵循更严格的网络安全方法，要么为国际网络战争条约奔走呼号，否则从电网到银行账户，甚至是冰箱和智能音箱等联网的家用设备，都可能成为黑客的猎物。

14

在未来，密码和实体钥匙都将像渡渡鸟（已灭绝鸟类）一样销声匿迹，生物识别安全系统将取而代之，它将利用我们身体的唯一性来保护我们的贵重物品。虽然生物识别安全系统并不是无懈可击的，但像指纹和眼睛扫描这样的安全方法进一步提升了防御能力，以阻止潜在的数字入侵者。然而，我们的生物识别数据的守护者必须严肃对待我们的信息，以免我们的隐私被滥用。我们必须保持警惕，以确保生物识别系统不会成为侵犯个人隐私的监控手段的帮凶。

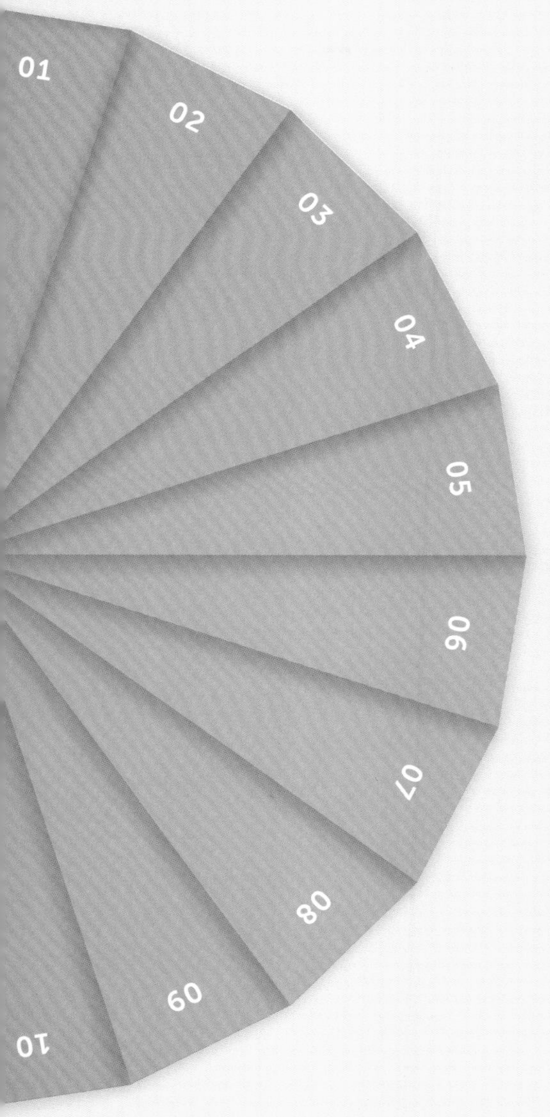

15

区块链的点对点和分布式设计不仅能够防止在任何有交易性质的互动中滋生欺诈和腐败，而且还能引入新的金融和货币形式。然而，一旦落入坏人之手，区块链就会被滥用，成为政府和机构监视公众的全新手段。

16

当武装冲突变得不可避免时，我们会越来越多地借助无人机、机器人和各种其他机器来对付我们的敌人，同时让我们的血肉之躯远离火线。未来，这些机器士兵的自主能力将大幅度提升，如果机器能决定人类的生死，那么我们将不得不审视其中的道德和生存意义。

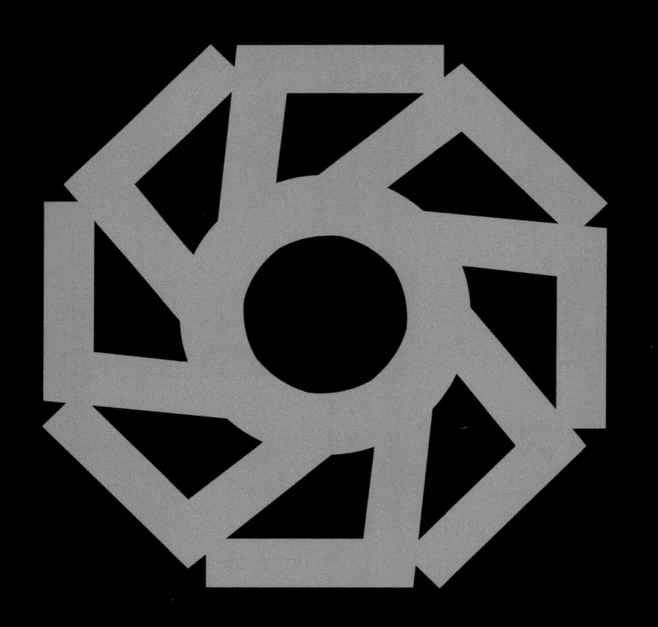

第 5 章

超越

我们可能很快就会发现自己即将超越我们目前的计算机系统、我们的星球、我们的身体甚至我们的思想等方面的局限，跨越查尔斯·达尔文（Charles Darwin）于150多年前奠定的进化论思想。

正如我们在前几章所探讨的那样，技术和科学的进步带来了从根本上重新定义我们的世界和我们在其中的位置的机会，彻底改变了工业和我们生活的方式。这些进步驱动社会发展，既然我们有能力左右其方向，那么不管是在哲学层面上还是从现实出发，我们所希冀的最终目的地是哪里呢？

如果我们能安全而明智地驾驭先进技术赋予我们的一切可能，我们可能很快就会发现自己即将超越我们目前的计算机系统、我们的星球、我们的身体甚至我们的思想等方面的局限，跨越达尔文于150多年前奠定的进化论思想。

本章将讨论那些最具有未来性的技术和概念。例如，量子物理学，它可能是新计算能力爆炸的关键，我们凭借量子物理学将会有何种成就；还有能使我们驯服严酷而遥远的异星世界的科学，它将为第一批人类星际殖民者做好准备；以及将使人和机器前所未有地紧密结合的人体改造。最后，本章还将讨论不断发展的超人类主义运动，以及为什么越来越多的人会认为大脑上传技术将会是实现永生的关键。

第17课　量子计算

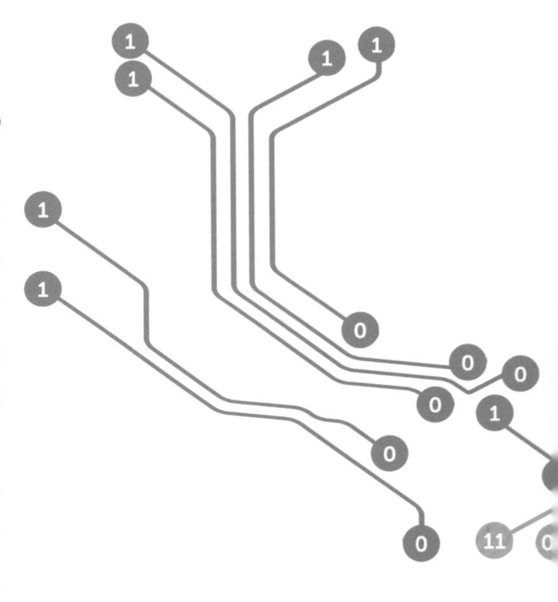

根据摩尔定律［以其提出者英特尔公司联合创始人戈登·摩尔（Gordon Moore）的名字命名］，计算机处理芯片的性能每12个月就会翻一番。该理论于1965年被首次提出，随后在1975年的修订中，将处理器性能提升的预期改为每两年一次。从那时起，随着微小芯片上所容纳的晶体管数量以令人难以置信的速度增长，这一理论或多或少地得到了验证。

然而，虽然现在我们已经可以将数10亿个晶体管集成在一分钱硬币大小的芯片中，但物理定律决定了我们最终还是会遇到传统计算方法无法在原子尺度上运行的局限，而这正是量子计算的作用所在。

基于量子理论领域的发现，量子计算着眼于我们如何能够通过使用新技术来建造超级计算机，这种计算机可以通过控制原子和亚原子粒子来进行计算。在这种极微小的尺寸下，物理定律的运行方式会有根本的不同。从事量子计算研究的人们相信，通过利用这些差异我们能够建造出来的计算机系统，其强大程度将会是当今世界上占主导地位的计算机系统的指数级倍数。

1. 传统计算机最基本的工作方式是用比特存储信息，而量子计算机将使用量子比特（以光子和电子等量子粒子为代表）来存储信息。

2. 传统的比特只能以“开”或“关”的形式存储数值（通常写成“1”或“0”，连起来形成二进制代码，成为当前所有计算机处理指令的基础），而量子比特能够以叠加的形式存在——同时为1和0。每增加一个量子比特，可能性就会以指数倍增。例如，增加一个量子比特，你不仅会得到00、01、

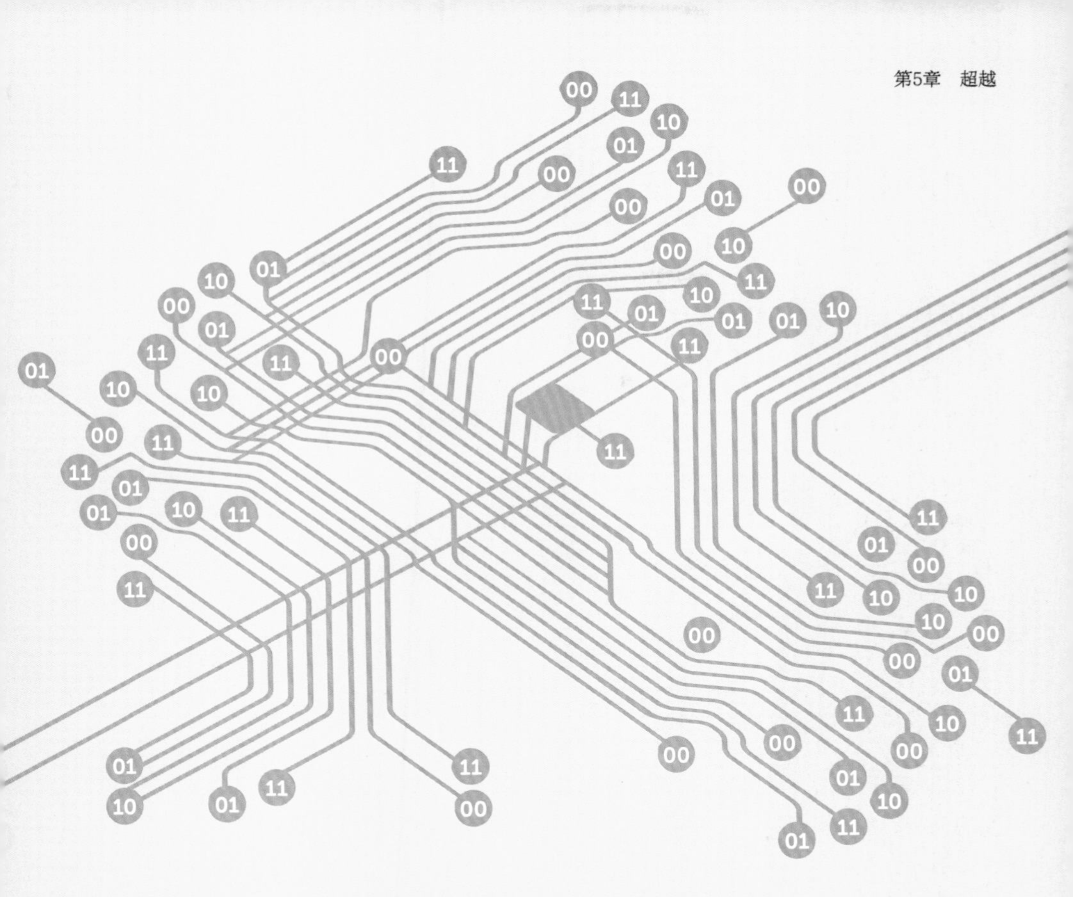

10和11四种状态，而且会同时得到它们的叠加状态。用数学术语来说，这就等于说 n 个量子比特可以同时代表 2^n 个状态。

3. 多个量子比特还会出现一种被称为“量子纠缠”的状态。这听起来很乱，但实际上对量子计算是有益的——纠缠的粒子变得相互依赖，使得它们可以作为一个单一的系统行事。因此，在传统计算机按顺序计算的情况下，量子计算机利用纠缠的量子比特的叠加，可以实现量子比特并行工作，从而对某个问题的可能答案一次性尝试数不清的排列组合。

这可能会带来比我们目前熟悉的计算机功能强大数百万倍的计算机。至少，在人们预期量子计算机所擅长的领域内，这一点是可能实现的。

计算未知的东西

关于量子计算，令人振奋的是，它是物理学和计算机技术共同存在的一个领域。理论上，量子计算机的可能性如此之大，我们尚无法真正知道它到底可以用来

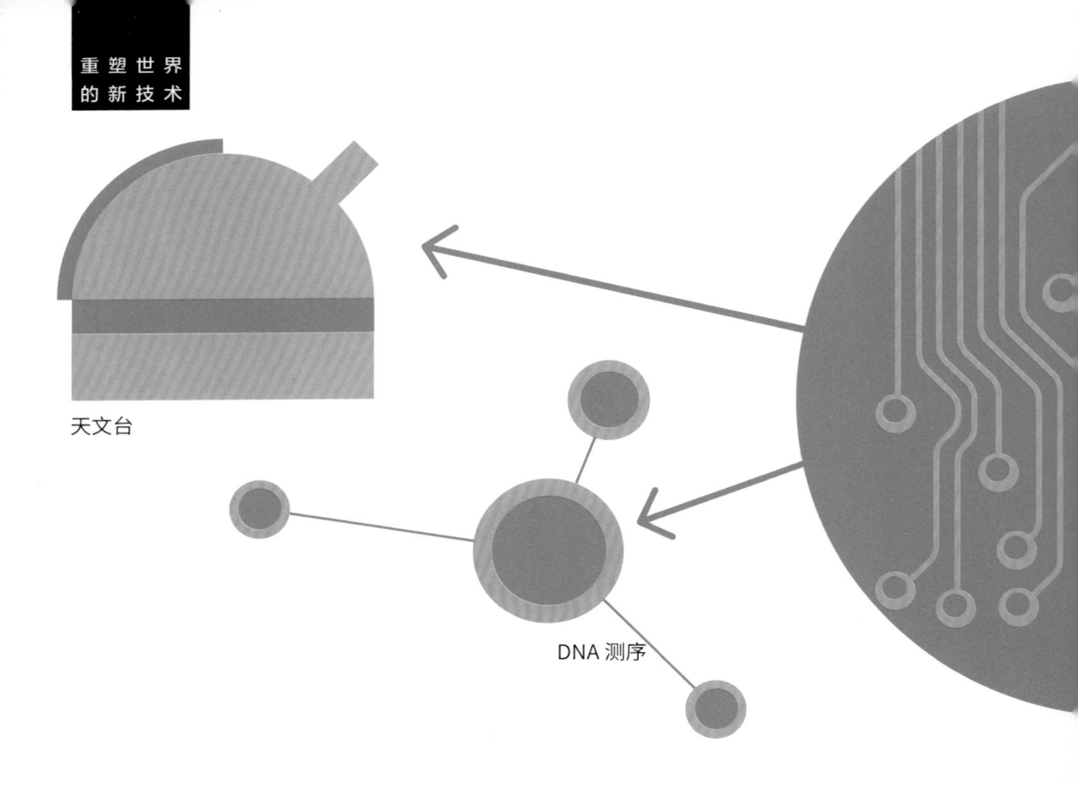

做什么，以及它将为人类带来什么样的改变。不过，我们有信心的是，量子计算机将完美地适用于计算领域，于是对某个问题的潜在解决方案进行不计其数的测试，可能会带来突破。其中一个例子是因式分解——发现哪两个未知的素数相乘后能得到一个已知的数字。这个例子很重要，因为许多用于保护我们的数字化数据的加密技术，从银行信息到移动通信应用程序，依仗的就是传统计算机难以完成这种因式分解的事实。要尝试破解这些加密系统，目前的计算机甚至需要数年时间，而量子计算机有可能在数小时内便得到结果——我们所知的密码学将被淘汰。虽然这是一个最终不得不走的雷区，但量子计算目前还未实现的那些能力也会带来巨大的益处，这一点在本书讨论的许多想法和领域中都能得到体现。通过量子计算，无人驾驶汽车的图像识别系统可以得到提升，更不用说通过分析大量的交通数据，让自动驾驶汽车按照最佳路线到达目的地。DNA 测序和氨基酸图谱绘制可以以超快的速度进行，从而开发出更多的药物和疾病治疗方法。而通过计算太空探测器和天文望远镜收集的大量信息，我们可以更容易地找到潜在的可居住的行星。对于普通人来说，量子

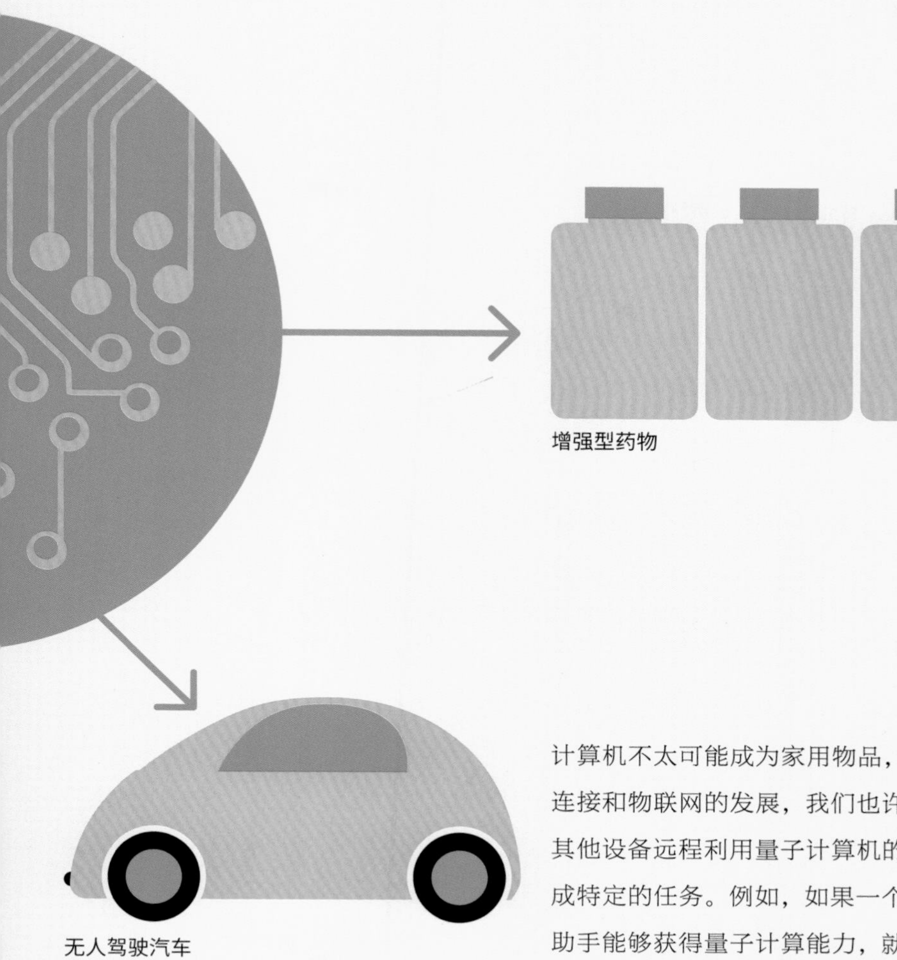

对于普通人来说，量子计算机不太可能成为家用物品，但随着云连接和物联网的发展，我们也许能够通过其他设备远程利用量子计算机的资源来完成特定的任务。

计算机不太可能成为家用物品，但随着云连接和物联网的发展，我们也许能够通过其他设备远程利用量子计算机的资源来完成特定的任务。例如，如果一个人工智能助手能够获得量子计算能力，就能更好地理解你的需求，从而将变得更加有用。我们距离量子计算成为一种可掌握的、稳定的规范还有一段距离。但是，当量子比特的时代来临的那一天，就是一个新的发现时代的开始。

第18课　外星环境地球化

进化使人类得以发展成为已知宇宙中最先进的物种，但我们的进化能力有一个很大的限制，即我们与地球有着千丝万缕的内在联系。

我们的肺只能在富含氧气和氮气的大气中呼吸，我们的骨骼只能承受特定范围的重力的压力，我们靠在营养丰富的土壤中生长的食物汲取能量。在地球以外的其他地方，我们将怎样生存?

外星环境地球化是解决我们深空困境的一个理论上的、多层面的可能方案。它探讨了我们如何利用我们的技术成就和科学知识来改造外星球的恶劣环境以满足我们的需要，而理论上，火星（离地球最近的具有可比性的行星，位于太阳系所谓的宜居“黄金地带”）是最可行的改造对象。

第一个挑战是改变这颗红色星球的大气构成。与地球相比，火星的大气层要稀薄100倍，其95%的成分是二氧化碳。与地球上相比，火星上也要冷得多，其平均温度在零下60摄氏度左右。更为复杂的是，火星的磁层远不如地球的磁层厚重，这意味着火星无法抵御太空中大量危险的、带电的放射性粒子。

在地球上，我们认为全球变暖是一件有害的事情。然而，在火星上，我们可以利用全球变暖有意制造整个星球温度的加速上升。如果我们能够捕获到足够的二氧化碳或从火星表面开采到足够多的甲烷的话，理论上，这会是一个相当容易的过程，哪怕会非常缓慢。

一个更大胆的方法是让彗星转向，飞向火星的表面。富含冰和氨的彗星将向火星大气层释放水蒸气，而氨可以被转化为火星严重缺乏的氮气。一个同样脑洞大开的方法是在火星冰冻的两极投下热核武器，把冰变成水，这反过来还有助于打造一个更厚的大气层。核爆炸产生的放射性坠尘将会很快消失，因为火星稀薄的大气层使其能够轻易飞出。然后，如果我们对土壤进行处理，种植一些植被，用不了多久，火星周围的环境就开始看起来变得像能住人的样子了。

这颗行星有一个问题，那就是它缺乏一个和地球上差不多的磁层。因为火星磁场无法让人工大气层保持稳定，从而抵御太阳的辐射，任何改造这个星球的努力要

火星南半球的磁场更强，可以作为局部改造工程更好的起点，但这里的磁场仍然远远不够强，无法保证改造的成功。使用核武器使火星的休眠外核液化或许是一种办法。但即使如此，其效果也可能只是暂时性的，徒劳无益——由于火星的质量只有地球的十分之一，引力也比地球引力小得多，人工大气层可能只会消失在太空中。

么需要抵御辐射和太阳风造成的损害，要么需要克服它。

星际移民

虽然彻底改造一个星球，使之成为一个新的花园般的世界是一个乌托邦式的理想，这些想法至少需要几代人的时间才能推动。相对现实的是，在我们追求宇宙殖民的过程中，我们将在遥远的星球上建立长期的前哨基地。信不信由你，我们正在设计这样的设施，找到解决像火星这样不适宜居住的环境的方法，可以教会我们用新的方式在地球上生活。

漫长的旅程、有限的资源和在地球以外生活要面临的恶劣的气候，这些问题本身就是挑战。由于第一批火星拓荒者几乎没有返回地球的希望，所以任何居住设施都需要轻便、可靠和异常坚固。

在红色星球上居住（可持续地居住）的一个可能的概念是火星冰屋，由美国宇航局兰利研究中心的研究人员设计。

火星冰屋是一个由充气形成的生活空间，其形状像一个圆环，十分轻巧，便于在前往火星的长途旅行中运输，而且使用十分简便，可以让简单的机器人系统在人类宇航员抵达之前便建造好。它看起来有点像一个冰屋，它还有一个与地球上北极的住所相同的特点，它的墙壁将用冰来填充。如果像人们普遍认为的那样，火星上有水凝结成冰，那么它就可以被提取出来以填充这个设施。

在建筑中使用冰大有好处，除了我们假定它在火星上的大量存在外，还有许多原因，特别是冰富含氢气的性质将使它成为抵御高能辐射的天然盾牌，如果没有这层防护，宇航员必然会受到影响。冰是半透明的，可以让宇航员享受昼与夜的交替，这显然比其他封闭式的地下设计更可取。美国宇航局的设计团队表示，火星冰屋可以在宇航员抵达前的400天内组装完成，内

1. 气闸室
2. 软舱口
3. 温室
4. 船员宿舍
5. 实验室
6. 隔热气囊
7. 冰室

部不仅有宇航员的宿舍，还有图书馆、实验室和日光温室。在火星上很容易获得的二氧化碳，可以被装进气囊里作为隔热层。

一开始，外星环境地球化改造不需要在整个星球上展开。根据所采用的技术，这些较小的定居点可以通过在工程内部设计微气候来建立，以便以更从容的速度进行扩张。

然而，其他星球的各种不适宜性和环境地球化改造的巨大挑战，只会衬托出我们的地球是多么独一无二和神奇伟大。相信一个地球以外的家园是一个足够可行的替代方案，可能会让我们更肆无忌惮地破坏人类非常幸运才能拥有的天堂，这是很危险的。

人类为什么要探索火星？如果激励技术进步或建设一个可能的地球以外的家园作为答案还不够的话，火星为说明人类太空旅行的初衷，提供了一个最令人信服的理由——寻找地球以外生命的可能。根据我们在地球上进化的知识，火星上存在着水的证据使我们极有可能在这颗红色星球上发现生命——不管是化石还是微生物。这是需要专家进行实地勘探的研究工作，即使是最先进的火星探测车，如果没有人类在现场，也很难完成。

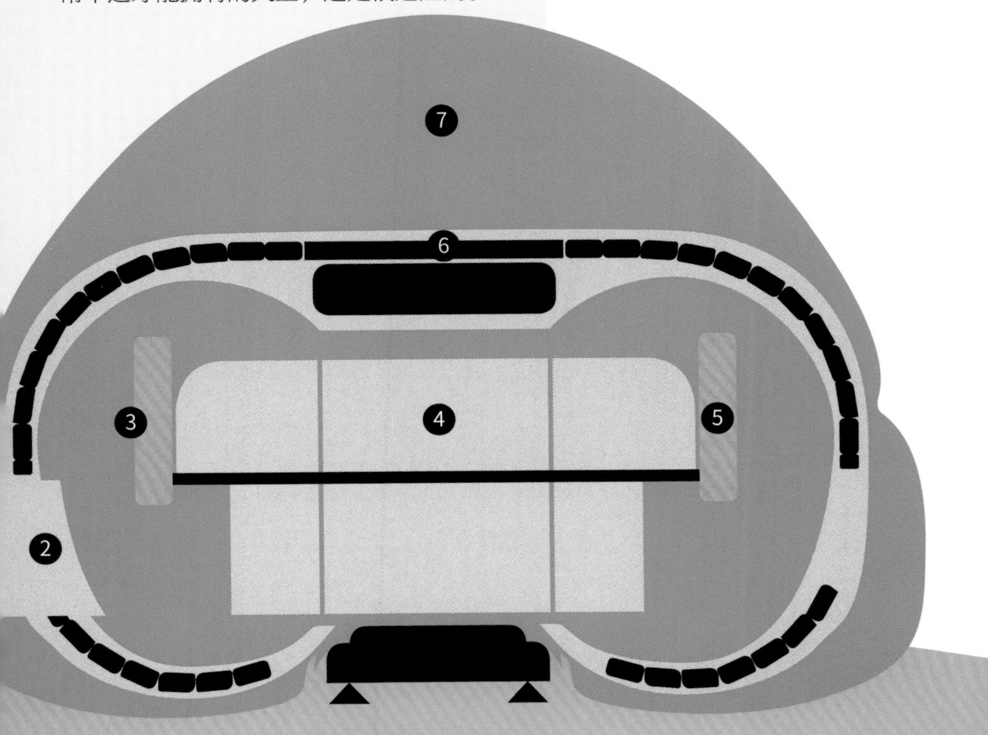

仿生植入物
够获得需要
才能进化出

将使我们能
数千年时间
的能力。

第19课 仿生植入物

从《无敌金刚》到《机械战警》，几十年来，流行文化一直痴迷于通过给残缺不堪的主人公或是安装一条力大无穷的机械臂，或是安装一条快如闪电的腿，来“重塑”英雄的形象。

随着时间的推移，一个人拥有仿生（也可以叫作人造或机械强化）身体部位的概念已经从科学幻想成为科学现实。就算听到有人说自己植入了心脏起搏器来保持心脏健康的跳动，或安装了一个人工耳蜗来辅助自己的听力，我们也不会感到大惊小怪。

在历史上，这些措施一直是针对疾病或健康状况的预防或恢复性治疗手段。但是，如果有可能的话，你愿意用一个先进的神经机械肢体或器官来替换自己健康的身体部分吗？

在不远的将来，这或许会成为一个现实的选项（甚至是一种必须），随着即用型隆胸手术变得就像面部拉皮手术或腹部瘦身整形手术一样轻而易举，人类已经跨越了几千年的进化。

仅仅审视一下今天的情况，就不难发现明天还有超出人们想象的进步潜力。残奥会运动员们凭借碳纤维增强的聚合物假肢能够跑出惊人的速度，盲人运动员凭借机械手能“看到”它们所抓的东西。和我们的身体在进化一样，这些技术也在发展，但其远远超过了自然进化的速度。

我们已经找到了让盲人恢复部分视力的办法。例如，加利福尼亚州第二视觉公司的阿格斯（Argus）Ⅱ型设备将视网膜植入物与安装在眼镜框上的外部视频摄像头结合起来，使视力障碍者能够看到黑白色的形状轮廓。这项技术以无线的方式向植入眼球内黄斑部的60个电极（一条直达视神经的线路）发送一串轻微的、刺激性电脉冲，便能让盲人在无人帮助的情况下过马路，甚至可以阅读大字体的书籍。

德国的Alpha IMS视网膜植入装置采取了一种不同的方法。它是一个独立的仿生眼，通过1500个电极直接连接到大脑，其内置的传感器从进入眼睛的光线中捕捉图像，能提供比阿格斯Ⅱ型更清晰的画面。这台装置的优点是其主人可以转动眼球，但代价是必须接受更多的有创手术。

这还只是可能实现的成就的开端。通过将设备直接连接大脑，我们可以通过教

和我们的身体在进化一样，这些技术也在发展，但其远远超过了自然进化的速度。

会大脑理解来自其他外部传感器的信号，让人类的视觉能力得到成倍提升。虽然我们的肉眼只能看到宇宙中大约1%的光频谱，但我们已经发明了可以看到热跟踪红外线的装置。未来的仿生眼会有这些功能吗？会具备增强现实的信息叠加能力和类似照相机的变焦能力吗？

增强的大脑

人们也正在努力以不同方式来增强大脑本身。马斯克的“神经连接”（Neuralink）公司有一个雄心勃勃的目标（如果尚未实现的话），那就是将我们的大脑与人工智能直接结合起来，让我们通过脑机接口来获取网络信息，并极大地提升我们记忆的容量和质量。

“神经连接”公司主要研究人类大脑的两个层面——边缘系统（负责情感和记忆）和大脑皮层（负责分析性推理）。马斯克的大脑专家团队希望在这两层之上再添加一个“数字化第三层”，以实现大脑与人工智能的高带宽对接，从而大规模提高我们的智力水平，使我们有能力仅凭大脑意识就能控制外部技术。

“神经连接”公司的计划更激进的地方在于，它致力于在无创手术的情况下完成所有这些目标。该公司希望率先实验由纳米技术驱动的神经尘埃，它由几千个微小的发射器组成，连同一个由精细网格传感器组成的神经织网一起被注射进给大脑供血的血管中。

这一切有望实现人们对未来的展望和天马行空的想象力，例如通过预设好的程序手指，你将成为高速弹奏吉他的摇滚之神，还有可以将有毒气体转化为可呼吸空气的肺，或者与网络连接的舌头，它可以让你舒舒服服地在自己的家中，品尝到有史以来最伟大的厨师烹制的菜肴。

仿生植入物可以让我们设计出人类无法企及的能力，或者需要在数千年的特定条件下才能自然进化出来的能力。我们可以中断并选择我们的进化方向，让技术决定一条新的超级英雄的道路，作为人类物种发展的方向。这不是我们能用仿生学来做什么的问题，而是一个我们能用仿生学来让自己成为什么的问题。

“神经连接”公司的大脑专家团队希望在这两层之上再添加一个“数字化第三层”，以实现大脑与人工智能的高带宽对接，从而大规模提高我们的智力水平，使我们有能力仅凭大脑意识就能控制外部技术。

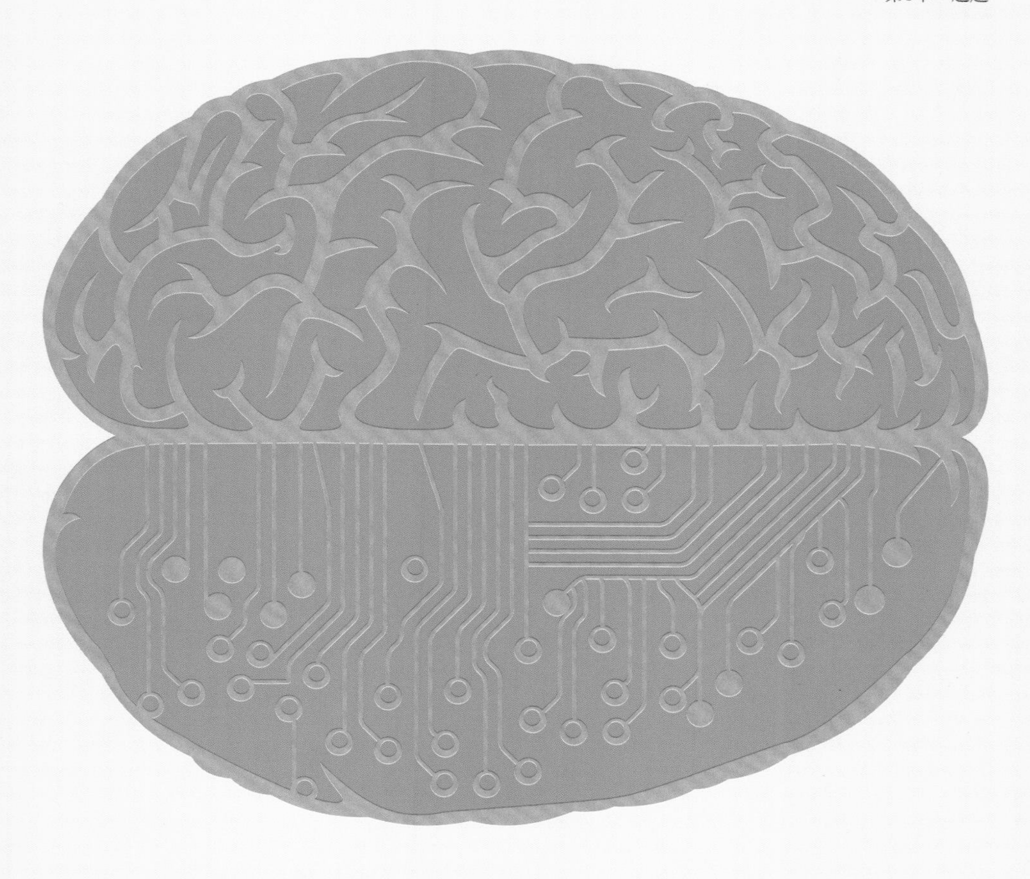

当仿生学不再是一种恢复性的医疗手段而成为一种生活方式的选择时，它将如何改变我们的日常生活？我们是否会像现在渴望跑车和名牌时装一样，羡慕地看着隔壁邻居的回声定位耳朵呢？我们是否不得不通过手术来跟上张三或李四一家的步伐？这可能不仅仅是一个时尚的问题。那些负担不起身体改造费用的人们，那些记忆力仍然和普通人类一样的人们，以及那些肌肉疲劳速度还和从前一样的人们，会怎样？我们是否会从人类中培育出一个新的精英物种——那些有钱的人可以直接植入各种体验，而这些体验是“未经改造”的人类根本不可能理解的？

第20课　超人类主义

虚拟世界、人工智能、纳米机器人和仿生增强改造——我们生活在一个无可比拟的技术进步时代。但是，我们为什么要推动技术的发展？我们奋斗的目标是什么？

如果是为了让人类活得更好，那么对许多人来说，这个目标还应该包括活得更久。生活和医疗保健条件的改善以及技术的改进正在不断延长人类的平均寿命。正如我们已经了解到的，人类很少会安于现状，而是不断地在自己的同龄人和前辈的成功基础上发展。那么，还有什么比健康长寿更好的目标呢？

或许是永生吧。

几千年来，永生一直是许多宗教的承诺，但随着社会更加相信科学和技术，对一些人来说，科学和技术能最终“解决”死亡的问题已经成为一种合乎逻辑的期望。

超人类主义是一场运动，它期望通过技术和科学来提高人类的智力和体能，从而无限期地推迟或规避衰老的影响，最终完全摆脱死亡。超人类主义者并不认为这个前所未有的目标是由人类能动性而不是由自然直接驱动的，而它必然会脱离进化周期，只是我们在进化中的一个新阶段而已。他们认为人类在地球上取得的辉煌成就（和统治地位）让人类有能力决定自己的发展，而不该由达尔文主义规则的缓慢演进来支配。

超人类主义者期望通过多种重大生物增强技术的累积效应，或在人类大脑的基础上创造出一种完全合成的智能来实现这一目标。但是，这种对我们技术成就的最高级应用，不仅需要探讨哲学和道德问题，还需要破解人体最后的未解之谜：人类的思想是如何运作的。

全脑仿真和意识上传或许听起来像科幻小说，但这是一个正在积极研究中的领域。人体的组织可能会随着时间的推移而退化，但支配它们的思想是由电脉冲和化学反应驱动的——这些是我们能模仿和控制的东西，前提是我们能理解它们所使用的大脑的底层地图。

虽然我们的身体是脆弱的，我们的生命是短暂的，但只要能将我们的思想和记忆转化为数据，就有望使伴随着它们的个性和身份在其他的基质（无论是有机的还是其他的）中活下去。

永恒的意识

人类大脑平均包含860亿个神经元，每个神经元有多个能够交换信息的突触，因此，神经元之间能建立起成千上万的连接。与量子计算的原理类似，神经元可以存在于简单的“开”或“关”之外的状态，这使得神经元信息的传播和处理速度远远超过目前的计算方法。虽然神经元不断变化的性质使之不能与一个存储系统进行类比，但据我们所知，大脑中可存储的信息量可能相当于2.5PB（拍字节，$1PB=2^{50}B$）的数字存储空间。

之前，美国奥巴马政府通过了1亿美元的“脑计划”（通过推进创新神经技术进行大脑研究）；而欧盟投入了12亿欧元，开展了一项为期10年的对大脑进行计算模拟的方案。尽管以上计划和其他类似的计划持续取得了扎实的进展，例如阿尔茨海默症和帕金森症的治疗研究，但大脑无比复杂的结构仍是我们无法理解的。

这并不是说信仰超人类主义的人们会因此而止步不前。永生的诱惑力如此之大，以至于一些人将自己未来的遗体投入了这一追求中。他们支付巨额资金，准备将自己的遗体（或在某些情况下，只是他们的头）低温冷冻，以便有一天他们可以通过未来超人类主义研究的某种产品复活自己或复活自己的大脑。

但是，死亡真的是一个问题吗？能够长生不老会不会改变身为人类最初的意义？我们在今天的生活中决定一些事情，权衡事件的重要性，知道它们都会有一个

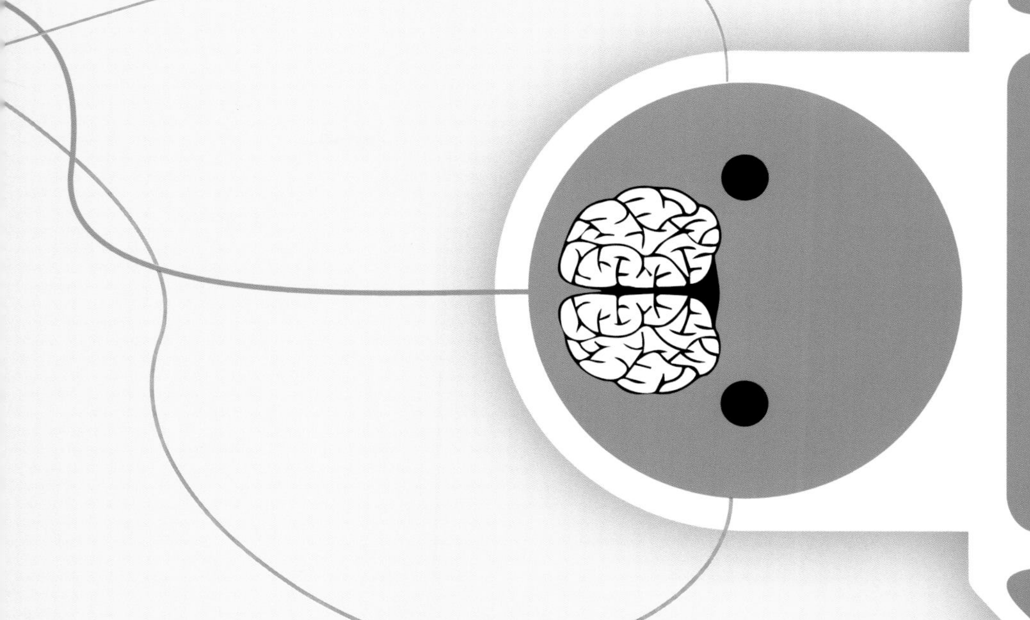

结束日期——这仍然是所有人类生存的唯一明确的共同点。然而，接受超人类主义意味着人类将迎来后人类宇宙的时代，而“宇宙”与“世界”相比是一个非常重要的改变。随着我们的意识可以脱离身体，我们的身份将会产生分支、被备份和无限复制，我们将不再受到脆弱的软组织和骨骼的限制，不再为其而忧惧，我们将能够探索宇宙。

人们很容易将这些视为是异想天开的，甚至是疯狂的想法。但是，历史一再证明，即使是思想最开明的人也会受到历史潜移默化的影响。1977年，数字设备公司（后与康柏和惠普合并）的创始人肯·奥尔森（Ken Olsen）曾说过，“人们没有任何理由想要在家里装上一台电脑”。众所周知的是，他后来不得不收回了自己的这番话。

本书中讨论的技术可能不仅是延长我们生命的关键，也是彻底改变我们所熟悉的生活的关键。纳米机器人能否全面扫描我们的大脑，并以无创的方式提取其中储存的内容？脑机接口能否将我们与联网的量子计算机连接起来？全身仿生学和先进的外骨骼会不会成为我们数字化大脑的主人？在我们有限的一生中，这些设想可能不会成为现实，但这是今天的超人类主义者都希望在有生之年能看到的未来。

工具包

17

量子计算机将利用我们的量子理论知识，用量子比特取代传统计算机的比特和字节。由于量子比特具有比标准比特有限的“开”或“关”值更多的状态，量子计算机将比我们今天的计算机更加强大。虽然量子计算机可能仍然是科学家和研究人员的专利，但其并行计算问题的能力可能是新密码学、医学和宇宙学突破的关键。

18

外星环境地球化指的是一些有可能被用来控制和改造遥远星球上恶劣的环境的理论技术。作为人类未来星际殖民计划的一个关键部分，它包括在一颗恒星适当温暖的“黄金区”内确定一颗行星，分析其大气层的构成和磁层的强度，使用包括重新定向的小行星和核武器在内的任何手段，以重新创造与地球上一样舒适的生活条件。不过，这些方法不能保证会奏效，这衬托出了我们看起来脆弱的地球是多么珍贵。

19

从心脏起搏器到助听器，我们已经能接受一些形式的仿生植入物。但在未来，仿生植入物不一定只是作为治疗手段，而是会作为增强我们身体能力的生活方式的一种选择。从高级的视觉到超敏锐的听觉，再到能让你对生活中的一举一动保持摄影般记忆的大脑植入物，我们将能够改造我们的身体以满足我们的每一个需要和愿望。

20

随着世界上所有的技术，从先进的人工智能到纳米技术和脑机接口，以我们有时几乎无法预测的方式进步，我们可能有一天会有能力通过科学和芯片技术来超越我们的人类形态。被称为“超人类主义”的运动期待有一天我们能够增强我们的身体（或完全取代它们），而我们的意识将以一种数字状态永远存在下去，迎来一个全新的后人类时代。

参考文献

Practical Augmented Reality: a Guide to the Technologies, Applications and Human Factors for AR and VR Steve Aukstakalnis (Addison-Wesley Professional, 2016)

A Piece of the Sun: the Quest for Fusion Energy Daniel Clery(Gerald Duckworth & Co. Ltd, 2013)

The Master Algorithm: How the Quest for the Ultimate Learning Machine Will Remake Our World Pedro Domingos (Penguin, 2015)

Driverless: Intelligent Cars and the Road Ahead Hod Lipson and Melba Kurman(MIT Press, 2016)

The Quantified Self Deborah Lupton (Polity Press, 2016)

The New Net Zero: Leading-Edge Design and Construction of Homes and Buildings for a Renewable Energy Future William Maclay (Chelsea Green Publishing, 2014)

Trackers: How Technology is Helping Us Monitor and Improve Our Health Richard MacManus (Rowman and Littlefield Publishers, 2015)

Elon Musk: How the Billionaire CEO of SpaceX and Tesla Is Shaping Our Future Ashlee Vance (Virgin Books, 2016)

How We'll Live on Mars Stephen Petranek (Simon & Schuster, 2015)

The Case for Mars: the Plan to Settle the Red Planet and Why We Must Robert Zubrin (Free Press, 2011)

Wearable Robots: Biomechatronic Exoskeletons José L. Pons (Wiley, 2008)

Engines of Creation: the Coming Era of Nanotechnology K Eric Drexler (Anchor, 1986)

Near-Earth Objects: Finding Them Before They Find Us David K. Yeomans (Princeton University Press, 2016)

Future Crimes Marc Goodman (Doubleday Books, 2015)

We Are Anonymous Parmy Olson (William Heinemann, 2013)

Digital Gold: the Untold Story of Bitcoin Nathaniel Popper (Penguin, 2016)

Kill Chain: Rise of the High-Tech Assassins Andrew Cockburn (Picador USA, 2016)

Dark Territory: the Secret History of Cyber War Fred Kaplan (Simon & Schuster, 2016)

Homo Deus: a Brief History of Tomorrow Yuval Noah Harari (Harvill Secker, 2016)

Human Enhancement Julian Savulescu (Editor), Nick Bostrom (Series Editor) (Oxford University Press, 2011)

Sapiens: a Brief History of Humankind Yuval Noah Harari (Vintage, 2015)

To Be a Machine: Adventures Among Cyborgs, Utopians, Hackers, and the Futurists Solving the Modest Problem of Death Mark O'Connell (Granta Books, 2017)

How to Create a Mind Ray Kurzweil (Gerald Duckworth & Co Ltd, 2014)

Transcend: 9 Steps to Living Well Forever Ray Kurzweil, Terry Grossman (Rodale Press, 2010)

Superintelligence: Paths, Dangers, Strategies Nick Bostrom (OUP Oxford, 2014)

Computing with Quantum Cats: From Colossus to Qubits John Gribbin(Black Swan, 2015)

PODCASTS

FutureProofing BBC Radio 4, Leo Johnson and Timandra Harkness

Singularity.FM., Nikola Danaylov

后　记

本书开篇指出，你的世界正在改变。现在，让我们以你与世界一起在改变的事实作为本书的结尾。

在合适的条件下（政治、社会和经济条件），技术进步可以非常迅速地给世界带来变化。不仅如此，下一次技术革命可能会促使我们对变化做出预测，这些变化不仅指的是我们周围世界的变化，还包括了人类生存定义的变化。

当我们寻求解决我们所看到的问题的方法时，技术的未来似乎着眼于放大和增强我们的身体和意识。自主交通和人工智能控制的住宅和劳动力可能使我们比以往任何时候都更有效率，但这要求我们的身体能够跟上我们所创造的这个新世界。

今天，我们可以选择智能手机的型号——在遥远的将来，我们能否选择我们身体的型号呢？如果将我们的意识从肉体中剥离的技术得以实现，我们的肉体和骨骼是否会像软盘和家用录像机一样被淘汰呢？我们目前的身体是否会成为过时的（尽管是生物的）硬件，被一些尚未实现的东西所取代呢？我们身体中的铁、铜和硅元素是否会被增强？

脱离了肉体的数字化“自我”可能会被无限地修改、复制和重启，界定哪个版本才是真正的“你”，将是一个需要跨越的哲学深渊，但一个能够开发出这种技术方案的社会，很可能事先就已经重新定义了自我的性质和目的。

想象一下，只要有某种合适的基质，你就可以用它来存放自己上传的意识，你可以出现在自己喜欢的任何地方，或者同时出现在几个不同的地方，时间变得可塑而无关紧要。你可以用今天我们分享数据的方式来分享思想，在瞬间将自己的想法传输给整个人类。虽然要理解这一点会很困难，但使我们的内在自我能够脱离我们的肉体，能够以我们目前还无法想象的方式将整个人类联合起来，那将会是一种历

今天，我们可以选择智能手机的型号——在遥远的将来，我们能否选择我们身体的型号呢?

史上从未出现过的生活。

这在今天看来如同天方夜谭，但就像本书所讨论的所有技术进步一样，正是那些看似不可能实现的梦想使点滴的进步成为现实。就像智能手机将整个世界置于我们的手中一样，我们将会看到区块链彻底改变安全系统，核聚变带来清洁能源的突破，纳米技术和生物增强技术使我们能够在星际间进行更多伟大的探索。未来的创新将继续给我们带来惊喜并超越我们的期望。

没有什么上天注定的命运，只有我们为自己创造的命运。我们生活在一个前所未有的变革和技术动荡的时代，这种技术将所有文明的知识汇聚于我们的指尖，将我们与全球最伟大的人物联系在一起，在各种设备的帮助下，我们能够史无前例地进行更宏伟、更大胆和更乐观的思考。

你的世界正在改变——而且是由你来改变。

作者简介

杰拉尔德·林奇

杰拉尔德·林奇（Gerald Lynch）是一名科技记者，目前是科技网站“技术雷达”（TechRadar）的高级编辑。此前，他曾担任“英国小发明”（Gizmodo UK）网站和“科技文摘”（Tech Digest）网站的编辑，也曾为《科技新闻博客100》（*Kotaku*）和《生活黑客》（*Lifehacker*）等出版物撰稿。林奇是英国广播公司的技术评论员，他还是2016年詹姆斯·戴森设计奖的评委。

自我提升系列图书

ISBN：978-7-5046-9633-5

ISBN：978-7-5046-9627-4

ISBN：978-7-5046-9903-9

ISBN：978-7-5046-9975-6

ISBN：978-7-5046-9974-9

ISBN：978-7-5236-0044-3

ISBN：978-7-5236-0045-0

推荐阅读

◆ 岸见一郎 · 勇气系列 ◆

活在当下的勇气

ISBN：978-7-5046-9021-0

爱的勇气

ISBN：978-7-5046-9237-5

◆ 畅销书作者系列 ◆

了不起的学习者

ISBN：978-7-5236-0076-4

作者：沈文婷

好习惯修炼手册

ISBN：978-7-5046-9579-6

作者：桦泽紫苑

◆ 大众科普书系列 ◆

身体的秘密

ISBN：978-7-5046-9700-4

睡眠之书

ISBN：978-7-5046-9601-4

◆ 敏感系列 ◆

高敏感人士的
幸福清单
高敏感人士的幸福清单

雨天晴天
皆敏感
雨天晴天皆敏感

THE EMPOWERED HIGHLY SENSITIVE PERSON
拥抱
与众不同的你
高敏感者的超能力
拥抱与众不同的你

◆ 女性成长系列 ◆

30岁
开始努力
刚刚好
30岁开始努力刚刚好

蜕变
女性的职场领导力守则

THE MOST POWERFUL YOU
她世界
女性自我成长之路
她世界

WORKING HARD,
HARDLY WORKING
跃上
高阶职场
职场女性进阶守则
跃上高阶职场
HOW TO
ACHIEVE MORE STRESS LESS
AND
FEEL FULFILLED

◆ 自我疗愈系列 ◆

情绪说明书
解锁内在情绪力量
UNDERSTANDING YOUR 7 EMOTIONS

可是我还是会在意
摆脱自我意识过剩的8种方法
和田秀树

拥抱躁郁
躁郁接线员的救助之旅

◆ 应对系列 ◆

自我疗愈系列
升级口袋版
POCKET THERAPY FOR ANXIETY
应对焦虑
摆脱焦虑的十种即时策略
中国科学技术出版社

自我疗愈系列
口袋版
POCKET THERAPY FOR EMOTIONAL BALANCE
应对情绪失控
情绪急救的十二种即时策略
中国科学技术出版社

自我疗愈系列
升级口袋版
POCKET THERAPY FOR STRESS
应对压力
缓解压力的十种即时策略
中国科学技术出版社

自我疗愈系列
口袋版
10 SIMPLE SOLUTIONS FOR BUILDING SELF-ESTEEM
再见，自卑
克服自我怀疑的十个即时策略
中国科学技术出版社